乡村振兴农业高质量发展科学丛书

粮食作物

◎ 李升东　侯夫云　刘　薇　等　编著

中国农业科学技术出版社

图书在版编目（CIP）数据

粮食作物／李升东等编著 . --北京：中国农业科学技术出版社，2023.8

（乡村振兴农业高质量发展科学丛书）

ISBN 978-7-5116-6413-6

Ⅰ.①粮… Ⅱ.①李… Ⅲ.①粮食作物-栽培技术 Ⅳ.①S51

中国国家版本馆 CIP 数据核字（2023）第 167513 号

责任编辑 周丽丽 白姗姗
责任校对 李向荣
责任印制 姜义伟 王思文

出 版 者 中国农业科学技术出版社
　　　　　北京市中关村南大街 12 号 邮编：100081
电 　　话 （010）82106638（编辑室） （010）82109702（发行部）
　　　　　（010）82109709（读者服务部）
网 　　址 https://castp.caas.cn
经 销 者 各地新华书店
印 刷 者 北京建宏印刷有限公司
开 　　本 170 mm×240 mm 1/16
印 　　张 7.75
字 　　数 150 千字
版 　　次 2023 年 8 月第 1 版 2023 年 8 月第 1 次印刷
定 　　价 48.00 元

乡村振兴实践过程中，针对农业产业发展遇到的理论、技术等各层面问题，组织科研人员精心撰写了《乡村振兴农业高质量发展科学丛书》，展现科学成就、兼顾科技指导和科学普及，助推乡村全面振兴。

《乡村振兴农业高质量发展科学丛书——粮食作物》
编著名单

主 编 著　　李升东　　侯夫云　　刘　薇

编 著 者　　冯　波　　李华伟　　丁　豪　　毕香君

孙晓辉　　辛相启　　司纪升　　樊庆琦

李永波　　崔德周　　刘振林　　王美华

徐　冉　　张礼凤　　王彩洁　　张彦威

李　伟　　王玉斌　　张立明　　王庆美

汪宝卿　　张海燕　　李爱贤　　解备涛

段文学　　秦　桢　　崔太昌　　刘　佳

董顺旭

目　　录

第一章　小麦 ………………………………………………… 1

　第一节　小麦产业现状及发展 ……………………………… 2

　　1. 我国小麦生产和消费情况如何？国家有哪些补贴政策？ … 2

　　2. 我国在价格方面对小麦生产有哪些扶持政策？ ………… 2

　　3. 小麦品质包括哪些方面含义？ …………………………… 3

　　4. 什么是强筋、中筋和弱筋小麦？ ………………………… 3

　　5. 小麦的常见栽培品种有哪些？ …………………………… 3

　第二节　小麦的生长发育规律 ……………………………… 4

　　6. 什么是小麦的生育期、生育时期和生长阶段？ ………… 4

　　7. 小麦根据播种时间的不同可以分为几类？ ……………… 5

　　8. 冬性、半冬性和春性品种是怎样划分的？ ……………… 5

　　9. 为什么好种子有时在田间出苗不好？ …………………… 6

　　10. 影响小麦分蘖的因素有哪些？ ………………………… 7

　　11. 麦田耕作措施对小麦生长有哪些作用？ ……………… 7

　　12. 小麦不同生育时期的耗水特点如何？ ………………… 8

　　13. 小麦不同生育时期对营养物质需求是如何变化的？ … 8

　　14. 不同肥料元素与小麦生长的关系如何？ ……………… 9

　　15. 为什么要提倡在冬前化学除草？ ……………………… 10

　　16. 小麦叶面施肥有什么作用？ …………………………… 11

　　17. 小麦什么时候收获最好？ ……………………………… 11

　第三节　常用小麦生产技术 ………………………………… 12

　　18. 小麦原种与良种有什么区别？ ………………………… 12

　　19. 小麦能自留种吗？ ……………………………………… 12

　　20. 选择小麦良种时是否需要选择多个品种？ …………… 12

　　21. 小麦播前要做哪些准备工作？ ………………………… 12

22. 小麦底肥应该怎样选择？ ……………………………………… 13

23. 怎样判断土壤墒情促进小麦出苗？ ……………………… 13

24. 田地多久深耕一次比较适宜？ ………………………………… 13

25. 小麦晚播对产量有什么影响？ ………………………………… 13

26. 小麦晚播如何增加产量？ ……………………………………… 14

27. 小麦种子进行包衣处理有什么作用？ …………………… 14

28. 小麦一亩地播多少合适？是不是多播就会产量高？ ……… 15

29. 影响小麦萌发出苗的因素有哪些？ ……………………… 15

30. 小麦壮苗的途径有哪些？ ……………………………………… 15

31. 小麦授粉时能浇水吗？ ………………………………………… 15

32. 小麦灌浆时应采取哪些管理措施？ ……………………… 15

33. 小麦何时收获？ ………………………………………………… 16

34. 小麦收获有哪些注意事项？ …………………………………… 16

35. 小麦秸秆还田有什么作用？ …………………………………… 16

36. 小麦从播种到收获要用到哪些农机？ …………………… 17

第四节　小麦病虫草害和自然灾害的防御 ……………………… 17

37. 倒春寒对小麦的影响有哪些？ ………………………………… 17

38. 冻害、冷害有什么区别？ ……………………………………… 17

39. 如何防治小麦冷害？ …………………………………………… 17

40. 小麦冻害分为几类？ …………………………………………… 18

41. 小麦冬季冻害的防治措施有哪些？ ……………………… 18

42. 小麦春季冻害的防治措施有哪些？ ……………………… 19

43. 小麦怎样应对倒春寒？ ………………………………………… 19

44. 造成小麦出现瘪粒的原因有哪些？ ……………………… 19

45. 怎样防治小麦渍害？ …………………………………………… 20

46. 怎样预防小麦倒伏？ …………………………………………… 20

47. 倒伏的小麦有什么补救措施？ ………………………………… 21

48. 小麦生长后期降水过多对小麦有什么影响？ …………… 21

49. 小麦误打除草剂导致出现药害怎么办？ ………………… 22

50. 小麦赤霉病发生的条件有哪些？ ……………………… 23

51. 预防小麦赤霉病有哪些措施？ ………………………………… 23

52. 小麦条锈病发生的条件有哪些? ………………………………… 23

53. 小麦条锈病的防治措施有哪些? ………………………………… 24

54. 小麦叶锈病发生的条件有哪些? ………………………………… 24

55. 小麦叶锈病的防治措施有哪些? ………………………………… 25

56. 小麦白粉病的主要发生条件有哪些? …………………………… 26

57. 小麦白粉病的防治措施有哪些? ………………………………… 26

58. 小麦纹枯病的发生条件有哪些? ………………………………… 27

59. 小麦纹枯病的防治措施有哪些? ………………………………… 27

60. 小麦主要的虫害有哪些? ………………………………………… 28

61. 怎样防治小麦蚜虫? ……………………………………………… 28

62. 怎样防治麦蜘蛛? ………………………………………………… 29

63. 怎样防治小麦蝼蛄? ……………………………………………… 29

64. 怎样防治小麦金针虫? …………………………………………… 30

65. 怎样防治小麦地老虎? …………………………………………… 31

66. 小麦播种机播种时速度多少为宜? ……………………………… 32

67. 什么是小麦飞防? ………………………………………………… 32

68. 利用无人机进行小麦飞防相比于传统农药喷洒有什么优势? …… 32

69. 什么是小麦耙压一体精量匀播技术? …………………………… 33

70. 小麦耙压一体精量匀播机相较于传统农机有什么优势? ……… 34

71. 小麦安全储藏水分为多少? ……………………………………… 35

72. 小麦储存年限是几年? …………………………………………… 35

73. 小麦种子储存需要注意哪些问题? ……………………………… 36

74. 按照小麦的硬度可以将小麦分为几类? ………………………… 36

75. 不同类型的小麦分别适合制作什么? …………………………… 36

76. 小麦粉生产中怎样清理籽粒? …………………………………… 37

77. 小麦的营养成分有哪些? ………………………………………… 37

78. 怎样制作面包? …………………………………………………… 37

79. 小麦制粉有哪些工艺流程? ……………………………………… 38

80. 什么是强筋小麦? ………………………………………………… 38

81. 强筋小麦适合加工成哪些食品? ………………………………… 39

82. 小麦加工有什么副产品? ………………………………………… 39

83. 麦麸有什么食用价值？ ··· 39

84. 什么是黑小麦？ ·· 40

85. 黑小麦相较于普通小麦有什么区别？ ····················· 40

第二章　大豆 ··· 41

第一节　大豆的发展及产业现状 ······························· 42

1. 大豆的种植历史如何？ ··· 42

2. 我国大豆生产和消费情况如何？ ································ 42

3. 我国大豆为何大量进口？ ··· 42

4. 大豆进口需求大有何影响？ ··· 43

5. 大豆生产需要实现完全自给吗？ ································ 43

6. 我国大豆产业政策如何？ ··· 43

7. 大豆有哪几种颜色？ ··· 43

8. 为什么说大豆营养价值高？ ··· 44

9. 毛豆与普通大豆有啥区别？ ··· 44

10. 大豆的主要种植品种有哪些？ ·································· 44

第二节　大豆的生长发育规律 ··································· 47

11. 大豆的生育期有几个部分？ ······································ 47

12. 大豆种子萌发和出苗期有什么特点？ ····················· 47

13. 大豆幼苗期有什么特点？ ··· 47

14. 大豆花芽分化期有什么特点？ ·································· 47

15. 大豆结荚期有什么特点？ ··· 48

16. 大豆鼓粒期有什么特点？ ··· 48

17. 大豆成熟期有什么特点？ ··· 48

18. 大豆各生育期如何进行管理？ ·································· 48

第三节　常用大豆生产技术 ······································· 49

19. 如何选择合适的大豆品种？ ······································ 49

20. 大豆留种需注意哪些方面？ ······································ 49

21. 大豆引种应该注意些什么？ ······································ 50

22. 大豆重、迎茬为什么会减产？ ·································· 50

23. 大豆重、迎茬障碍如何解决？ ·································· 51

24. 哪些作物适宜作为大豆的前茬作物？ ····················· 51

25. 黄淮海地区麦后种豆怎样免耕播种？……………………… 51

26. 大豆缺苗怎么办？……………………………………………… 52

27. 大豆什么时期怕缺水？………………………………………… 52

28. 大豆开花结荚期田间管理应注意什么？……………………… 52

29. 大豆鼓粒成熟期如何管理？…………………………………… 53

30. 如何预防大豆倒伏？…………………………………………… 53

31. 大豆花而不实的原因是什么？………………………………… 53

32. 大豆荚而不实的原因是什么？………………………………… 54

33. 种大豆如何施肥？……………………………………………… 54

34. 大豆为什么需要及时收获？…………………………………… 55

35. 什么时期收获对大豆产量和品质最有利？…………………… 55

36. 大豆机械收获应注意什么？…………………………………… 55

37. 大豆脱粒后如何进行干燥处理和储藏？……………………… 56

38. 大豆脱粒后如何储藏？………………………………………… 56

39. 大豆播种期如何管理？………………………………………… 56

40. 大豆如何进行绿色防治？……………………………………… 57

41. 大豆虫害如何进行防治？……………………………………… 57

42. 大豆各个时期水量如何控制？………………………………… 57

43. 如何防治大豆根腐病？………………………………………… 57

44. 如何防治大豆孢囊线虫病？…………………………………… 57

45. 如何防治大豆菌核病？………………………………………… 58

46. 如何防治大豆灰斑病？………………………………………… 58

47. 如何防治大豆霜霉病？………………………………………… 58

48. 大豆玉米带状复合种植优势在哪？…………………………… 58

49. 大豆玉米带状复合种植如何选择大豆品种？………………… 58

50. 大豆玉米带状复合种植如何选择适合模式？………………… 58

51. 大豆玉米带状复合种植如何提高播种质量？………………… 59

52. 大豆玉米带状复合种植怎样进行田间管理？………………… 60

53. 大豆玉米带状复合种植如何防灾减灾？……………………… 61

54. 大豆玉米带状复合种植如何安排合理机械收获？…………… 61

第三章 甘薯 ……………………………………………………… 63

第一节 甘薯的一般常识 ………………………………………… 64

1. 甘薯的别名有哪些? ……………………………………… 64

2. 我国甘薯种植分布的特点如何? ………………………… 64

3. 甘薯有哪些形态特征? …………………………………… 64

4. 甘薯开花吗? ……………………………………………… 65

5. 甘薯有哪些用途? ………………………………………… 65

6. 为什么说甘薯最有营养和保健价值? …………………… 65

7. 彩色甘薯是怎么回事? …………………………………… 66

8. 空中甘薯是怎么回事? …………………………………… 66

9. 生产上可以利用甘薯实生种子吗? ……………………… 66

10. 甘薯品种出干率主要受哪些因素影响? ………………… 67

第二节 甘薯育苗 ………………………………………………… 67

11. 甘薯萌芽对环境条件有什么要求? ……………………… 67

12. 如何做好甘薯育苗的准备? ……………………………… 68

13. 不同薯区甘薯育苗的特点是什么? ……………………… 68

14. 采用薄膜覆盖育苗有哪些优点? ………………………… 69

15. 采取冷床双膜覆盖育苗应注意哪些问题? ……………… 69

16. 采用露地阳畦育苗应注意哪些问题? …………………… 69

17. 如何采用电热温床育苗? ………………………………… 69

18. 采用酿热温床覆盖薄膜育苗应注意哪些问题? ………… 70

19. 采用火炕育苗应注意哪些问题? ………………………… 70

20. 薯苗的壮苗标准是什么? 怎样培育甘薯壮苗? ………… 70

21. 如何进行甘薯苗床管理? ………………………………… 71

22. 为什么剪苗比拔苗好? …………………………………… 71

23. 采苗圃有哪几种栽培模式? ……………………………… 71

第三节 甘薯栽插与田间管理 …………………………………… 72

24. 如何确定合理的栽插密度? ……………………………… 72

25. 为什么薯垄及植株间距离要尽量均匀? ………………… 72

26. 抗旱留三叶水平栽插法有什么优点? …………………… 73

27. 为什么栽插时漫灌会造成返苗慢? ……………………… 73

28. 如何控制甘薯地上部旺长？ ··· 73

29. 如何在甘薯田使用地膜覆盖技术？ ··· 74

30. 为什么水旱轮作有益于甘薯生产？ ··· 74

31. 为什么提倡采用单垄种植甘薯？ ·· 74

32. 为什么说甘薯不翻蔓省工又增产？ ··· 75

33. 甘薯需肥特点与其他作物有什么不同？如何进行甘薯配方施肥、
　　看苗施肥？ ··· 75

34. 为什么多品种混栽会导致减产？ ·· 75

35. 生长中后期田间管理需要注意哪些问题？ ································· 76

第四节　甘薯的高产高效栽培 ··· 76

36. 高产栽培对土壤和肥料有什么要求？ ····································· 76

37. 甘薯藤蔓和麦草秸秆还田有哪些优点？ ································· 77

38. 为什么说高产甘薯栽培更多依赖土壤透气性？ ······················· 77

39. 为什么要积极推行甘薯生产机械化？ ····································· 77

40. 为什么不提倡超大甘薯栽培？ ··· 78

41. 切块直播甘薯有什么优缺点？ ··· 78

42. 甘薯间作套作如何获得高产？ ··· 78

43. 如何种植鲜食用高档甘薯？ ·· 79

44. 如何提高"迷你"甘薯的商品率和种植效益？ ························· 79

45. 菜用甘薯有哪些特点，如何栽培？ ··· 80

46. 如何栽培观赏用甘薯？ ··· 80

47. 如何利用沟边、田埂、梯田堰边种植甘薯？ ··························· 80

第五节　甘薯病虫草害防治 ··· 81

48. 甘薯主要病害有哪些？ ··· 81

49. 如何识别与防治甘薯茎线虫病？ ·· 81

50. 如何识别与防治甘薯黑斑病？ ··· 81

51. 如何识别与防治甘薯根腐病？ ··· 82

52. 如何识别与防治甘薯蔓割病？ ··· 82

53. 如何识别与防治甘薯薯瘟病？ ··· 82

54. 如何识别与防治甘薯其他病害？ ·· 83

55. 为害甘薯的主要害虫有哪些？ ··· 84

56. 如何进行地下害虫的防治？ ················· 84

57. 怎样减轻甘薯蚁象的为害？ ················· 84

58. 如何防治甘薯茎叶害虫？ ·················· 85

59. 甘薯脱毒包括哪些程序？ ·················· 85

60. 选用甘薯脱毒种薯有哪些好处？ ·············· 85

61. 如何区别和选购甘薯脱毒种薯？ ·············· 85

62. 甘薯病虫害的综合防控技术包括哪些内容？ ········ 85

63. 如何正确选择和使用除草剂？ ··············· 86

64. 如何生产甘薯无公害产品？ ················· 86

第六节　甘薯的收获与储藏 ················· 87

65. 如何确定适宜收获期？ ··················· 87

66. 甘薯收获需要注意哪些问题？ ··············· 87

67. 菜用甘薯采摘要注意什么问题？ ·············· 88

68. 甘薯安全储藏对环境条件有什么要求？ ·········· 88

69. 我国南北方薯区甘薯储藏有什么区别？都要注意哪些问题？ ········ 88

70. 如何建造简易地上甘薯储存库？ ·············· 89

71. 甘薯周年保鲜储存需要哪些条件？ ············· 89

72. 为什么提倡高温愈合，如何进行高温愈合处理？ ······ 89

73. 甘薯储藏要注意哪些问题？如何防止储藏期甘薯坏烂？ ··· 90

74. 高档次鲜食甘薯生产在收获与储存过程中需要注意哪些问题？ ····· 90

第七节　甘薯品种与推广 ·················· 91

75. 种植甘薯良种有哪些好处？甘薯品种可分为哪些类型？ ··· 91

76. 审（鉴）定品种与获品种保护权的品种有什么区别？ ···· 91

77. 甘薯品种的引种推广要注意哪些问题？ ·········· 92

78. 淀粉加工用优良品种的主要特点是什么？ ········· 92

79. 当前推广的高淀粉品种有哪些？ ·············· 92

80. 优良食用品种的主要特点是什么？ ············· 93

81. 当前推广的鲜食用品种有哪些？ ·············· 93

82. 叶菜用优良品种的主要特点是什么？ ············ 93

83. 当前推广的叶菜用优良品种有哪些？ ············ 94

84. 特色专用型优良品种的主要特点是什么？ ········· 94

85. 当前推广的特色专用型优良甘薯品种有哪些? ……………… 94

第八节　甘薯加工利用 ………………………………… 95

86. 甘薯产业化模式有哪些特点? ……………………………… 95

87. 如何提高企业、农户的种植、生产效益? ………………… 95

88. 甘薯加工中为什么要提出原料问题? ……………………… 95

89. 甘薯淀粉、变性淀粉和甘薯全粉有什么区别? …………… 96

90. 如何提高甘薯淀粉的提取率? ……………………………… 96

91. 如何处理甘薯淀粉生产中的废水废渣? …………………… 97

92. 甘薯食品加工中如何控制褐变? …………………………… 97

93. 发展甘薯全粉有哪些优势? ………………………………… 97

94. 如何制作甘薯脯? …………………………………………… 98

95. 如何利用薯泥制作各种形态的休闲食品? ………………… 98

96. 如何生产速冻甘薯产品? …………………………………… 99

97. 如何加工制作甘薯饮料? …………………………………… 99

98. 如何开发和利用紫心甘薯? ………………………………… 100

99. 如何开发和利用特种药用甘薯? …………………………… 100

100. 如何开发和利用甘薯地上部茎叶? ……………………… 100

附录　山东省农业科学院作物研究所简介 ……………… 103

1. 单位简介 ……………………………………………………… 104

2. 专家介绍 ……………………………………………………… 104

第一章
小麦

第一节　小麦产业现状及发展

1. 我国小麦生产和消费情况如何？国家有哪些补贴政策？

我国是世界第一小麦生产和消费大国，常年小麦播种面积约 3.5 亿亩（1 亩 ≈ 667 m²，15 亩 = 1 hm²。全书同），总产量 1 亿 t。2006 年我国小麦消费 1 020 亿 kg，其中，口粮消费 870 亿 kg，占 85.3%；种子消费 50 亿 kg，占 4.9%；饲用消费 40 亿 kg，占 3.9%；工业消费 35 亿 kg，占 3.4%，损耗 2.5%。

2004 年以来，为扶持国内粮食生产，国家对包括小麦在内的主要粮食品种实施了补贴政策，具体包括：种粮直补、良种补贴、生产资料综合补贴，一般情况是按照农户耕地计税面积补贴，补贴标准各地有所差异。另外，为提高粮食生产机械化水平，还实施了农机具购置补贴政策。

2. 我国在价格方面对小麦生产有哪些扶持政策？

为保护种粮农民利益，2006 年以来，国家根据市场粮食价格运行情况在主产区启动了小麦最低收购价政策，此后，国家小麦最低收购价呈波段式上涨，2023 年小麦最低收购价执行预案具体内容如下。

（1）最低收购价格水平。2023 年小麦最低收购价格水平，白小麦（标准品，下同）2.34 元/kg，红小麦、混合麦 2.24 元/kg，与 2021 年、2020 年相比，白小麦提高了 0.1 元/kg，红小麦、混合麦提高了 0.06 元/kg。

（2）执行区域。执行区域为河北、江苏、安徽、山东、河南、湖北 6 个小麦主产省。其他小麦产区是否实行最低收购价政策，由省级人民政府自主决定。

（3）公布时间。2022 年 9 月 29 日。

（4）执行主体。执行最低收购价的企业为中国储备粮管理集团有限公司（简称"中储粮集团公司"）及其相关分公司；上述 6 省地方储备粮管理公司（或单位）；北京、天津、上海、浙江、福建、广东、海南 7 个主销区省级地方储备粮管理公司（或单位）。在预案适用时间期限范围内，当小麦市场价格低于最低收购价格时，由中储粮集团公司和有关省地方储备粮管理公司（或单位）按照最低收购价格，在上述小麦主产区挂牌收购农民交售的小麦。具体操作时间和实施区域由中储粮集团公司相关分公司根据市场情况商省级粮食行政管理部门和农业发展银行省分行确定，并由中储粮集团公司报国家粮食和物资储备局备案。

（5）粮权归属及处置。中储粮集团公司及其相关分公司执行最低收购价政策收购的小麦，粮权属国务院，未经国家批准不得动用。中储粮相关分公司要与委托收储库点签订委托收购合同，明确有关政策及双方权利、义务等，保证收购入库小麦的数量真实、质量可靠。预案执行结束后，要及时进行审核验收。中储粮集团公司管理的临时储存最低收购价小麦，由国家有关部门按照顺价销售的原则，在粮食批发市场或网上公开竞价销售，销售盈利上交中央财政，亏损由中央财政负担。中储粮集团公司对销售盈亏进行单独核算，中央财政对中储粮集团公司及时办理盈亏决算。

3. 小麦品质包括哪些方面含义？

小麦品质主要是指形态品质、营养品质和加工品质。形态品质包括籽粒形状、籽粒整齐度、腹沟深浅、千粒重、容重、病虫粒率、粒色和胚乳质地（角质率、硬度）等。营养品质包括蛋白质、淀粉、脂肪、核酸、维生素、矿物质的含量和质量。其中蛋白质又可分为清蛋白、球蛋白、醇溶蛋白和麦谷蛋白，淀粉又可分为直链淀粉和支链淀粉。加工品质可分为制粉品质和食品品质。其中制粉品质包括出粉率、容重、籽粒硬度、面粉白度和灰分含量等，食品品质包括面粉品质、面团品质、烘焙品质、蒸煮品质等。

4. 什么是强筋、中筋和弱筋小麦？

强筋小麦是籽粒硬质，蛋白质含量高，面筋强度强，延伸性好，适于生产面包粉以及搭配生产其他专用粉的小麦。中筋小麦是籽粒硬质或半硬质，蛋白质含量和面筋强度中等，延伸性好，适于制作面条或馒头的小麦。弱筋小麦是籽粒软质，蛋白质含量低，面筋强度弱，延伸性较好，适于制作饼干、糕点的小麦。由于历史原因，我国强筋和弱筋小麦发展较慢，目前市场缺口较大。

5. 小麦的常见栽培品种有哪些？

小麦常见栽培品种有济麦22、济麦44、济麦70、科农1006、淮麦32、豫农416、河农7069、百农207、西农979、周麦22、鲁麦501、新麦26、烟农15、周麦16、烟农19、百农矮抗58、农大211、郑麦005等。

其中最为著名的栽培品种为济麦22。济麦22是山东省农业科学院作物研究所通过系谱法选育而成的高产中筋小麦品种，具有适应性好、适种范围广、抗灾能力强、落黄好、产量高、品质优良等优点，适合在中国黄淮冬麦区北部的山东、河北南部、山西南部、河南安阳和濮阳的水地种植。累计推广面积3亿多亩，为保障山东粮食连续7年突破千亿斤（1斤＝500 g）、保障全国粮食安全作出了重要贡献。

小麦品种——济麦22

第二节　小麦的生长发育规律

6. 什么是小麦的生育期、生育时期和生长阶段？

小麦从出苗到成熟所经历的天数为生育期。其长短因品种特性、生态条件和播种早晚的不同有很大的差别。一般春小麦生育期100～120 d，冬小麦230～280 d。

根据器官形成的顺序和便于生产管理，常把小麦生育期分为若干个生育时期。一般包括：出苗期、三叶期、分蘖期、越冬期、返青期、起身期（生物学拔节）、拔节期、孕穗期、抽穗期、开花期、灌浆期、成熟期12个时期。春小麦无越冬期和返青期。长江以南和四川盆地冬小麦也无越冬期和返青期。小麦生育期可划分为3个生长阶段。

（1）营养生长阶段。从萌发到幼穗开始分化（分蘖期），生育特点是生根、长叶和分蘖，表现为单纯的营养器官生长，是决定单位面积穗数的主要时期。

（2）营养生长和生殖生长并进阶段。从分蘖末期到抽穗期，是根、茎、叶继续生长和结实器官分化形成并进期，是决定穗粒数主要时期。

（3）生殖生长阶段。从抽穗到籽粒灌浆成熟，是决定粒重的时期。营养生长与生殖生长之间既相互依赖，又相互制约。在生产上协调二者间的关系至关重要。营养生长是生殖生长的基础和必要准备，一般只有根深叶茂，搭好丰产架子，才能穗大粒多粒重。但营养生长与生殖生长之间有一个交错并进阶段，双方对营养有明显竞争。营养生长过旺，则茎叶徒长、贪青晚熟，消耗大量的营养，生殖器官因得不到足够的养分而生长发育不充分，空瘪粒增多，产量降低，形成人们常说的"好禾无好谷"的"草包庄稼"。

7. 小麦根据播种时间的不同可以分为几类？

小麦按播种季节可分为春小麦和冬小麦。春季播种的小麦称作春小麦；秋季播种的小麦称作冬小麦。春小麦颗粒长而大，皮厚、色泽深，蛋白质含量高，但筋力较差，出粉率低，吸水率高；冬小麦颗粒小，吸水率低，蛋白质含量较春小麦少，但筋力较强。我国以种植冬小麦为主。

冬小麦　　　　　　　　　　　　　　　春小麦

8. 冬性、半冬性和春性品种是怎样划分的？

小麦要从营养生长过渡到生殖生长，必须经过两个发育阶段，即春化阶段和光照阶段。

小麦种子萌发后，便可进入春化阶段的发育。其特点是在所需要的综合条件中，必须有一定时间和一定程度的低温，否则就不能通过春化阶段，永远停留在分蘖状态。根据小麦通过春化阶段所需温度高低和时间长短，可把小麦品种分为冬性、半（弱）冬性和春性 3 种基本类型。

（1）冬性品种。对温度要求极为敏感。春化阶段适宜温度在 0~5 ℃，需经历 30~50 d，其中只有在 0~3 ℃条件下，经过 30 d 以上才能通过春化阶段的品种为强冬性品种。没有经过春化阶段的种子在春季播种不能抽穗。

（2）春性品种。通过春化阶段时对温度要求范围较宽，经历时间也较短。一般在秋播地区要求 0~12 ℃，北方春播地区要求在 0~20 ℃，经过 15 d 可以通过春化阶段。

（3）半冬性品种。对温度要求介于冬性和春性之间。在 0~7 ℃条件下，经过 15~35 d，可以通过春化阶段。没有经过春化的种子在春季播种不能抽穗或延迟抽穗，抽穗不整齐，产量很低。

冬性、春性指的是小麦品种的春化阶段发育特性，而冬麦、春麦指的是播种期。生产上说的春小麦指的是春季播种的品种。冬小麦指秋季播种，在生育期间经过冬季的小麦。我国长江中下游和四川盆地的冬小麦种植的多是春性品种，黄淮麦区的冬小麦多是半冬性品种，北部冬麦区的冬小麦都是冬性品种。

 9. 为什么好种子有时在田间出苗不好?

合格的商品小麦种子，一般发芽率在 90%~95%。但在大田生产条件下，往往只有 70%~80% 能出苗，有时还不足 50%。这主要是由于田间不能充分满足小麦发芽的条件。小麦种子发芽需要 3 个基本条件。

（1）温度。小麦种子发芽的最低温度是 1~2 ℃，最适 15~20 ℃，最高 30~35 ℃。在最适温度范围内，小麦种子发育最快，发芽率也最高，而且长出来的麦苗也最健壮。温度过低，不仅出苗时间会大大推迟，并且种子容易感染病害，形成烂籽。

（2）水分。小麦种子必须吸收足够的水分（达到种子重量的 45%~50%）才能发芽。小麦播种后，土壤水分不足或过多，都能影响出苗率和出苗整齐度。小麦发芽最适宜的土壤含水量为田间持水量的 60%~70%。具体来说，沙质土含水量应在 15%，两合土应不少于 18%，黏土应在 20% 以上。因此，在播种前一定要检查土壤墒情，如果墒情不足，应先浇好底墒水。

（3）氧气。小麦种子萌发和出苗都需要有充足的氧气。在土壤黏重、湿度过大、地表板结的情况下，种子往往由于缺乏氧气而不能萌发，即使勉强出苗，生长也很细弱。

3 个基本条件不可或缺，它们相互联系、互相制约。因此，在播种前一定要精细整地，做到土细墒足，上虚下实，适时播种，才能满足小麦发芽所需条件，保证出好苗、出全苗。

10. 影响小麦分蘖的因素有哪些?

黄淮麦区小麦冬前壮苗的标准是:冬前单株平均能发生2~3个分蘖,4~5条次生根,主茎能长出6~7片叶(包括心叶),达到叶片、根系和分蘖的同步生长。影响因素如下。

(1)品种。冬性强的品种春化阶段时间长,分蘖多;春性强的品种分蘖较少。

(2)积温。出苗后至越冬前,每出生一片叶需70~80 ℃的积温。要保证冬前形成壮苗(按6叶1心计算),需0 ℃以上积温为490~565 ℃。晚播小麦积温不足,叶数少,分蘖也少。

(3)地力和水肥条件。地力高,氮磷丰富,土壤含水量在70%~80%时有利于分蘖。单株营养面积合理,肥料充足,尤其是氮磷配合施用,能促进分蘖的发生,利于形成壮苗。生产上,水肥常常是分蘖多少的主要制约因素,往往可通过调节水肥来达到促、控分蘖的目的。

(4)播种密度和深度。冬小麦稀播、播种深度4~5 cm,春小麦播种深度3~4 cm,均有利于分蘖。播种过密,植株拥挤,争光旺长,分蘖少。播深超过5 cm,分蘖就要受到抑制,超过7 cm苗弱很难分蘖,或者分蘖晚而少。

 11. 麦田耕作措施对小麦生长有哪些作用?

为了改善麦田理化性状,为小麦播种、出苗和植株生长发育创造良好的土壤条件,需要使用农机具进行一系列田间耕作。麦田耕作包括小麦播种前的耕作整地和小麦生长期间麦田的中耕、耙糖、镇压等措施。

(1)播前耕作。麦田耕翻不仅可破除土壤板结,将施用的有机肥和田间残茬、杂草掩埋到土壤下层和熟化耕翻到上层的底土,而且能增加土壤通透性,蓄纳更多的雨水,改善土壤的水、肥、气、热等状况,为小麦出苗和正常生长提供良好的土壤环境。麦田耕翻一要根据不同的土质和墒情变化,掌握好适耕期,一般以土壤水分相当田间最大持水量的60%~70%时进行耕翻为宜。黏重土壤尤其要掌握好耕耙翻时间和方法,以免造成大泥条和大坷垃。二要翻耕后及时耙细、耙实,平整土地,对于土层过松或有翘空的田块,还应进行适当镇压,以防透风和水分过多蒸发。北方一年两熟麦田,应在前茬作物生育后期进行中耕,以蓄雨保墒、灭除杂草;前作收获后要及早整地,细整细平。对于一年一作旱地麦田,前作收获后要立即灭茬,在雨季高峰来临前耕完,并耕深耕透,多遍耙糖,以蓄纳更多雨水,减少水分蒸发。南方稻茬麦田因湿度大，土壤发僵，犁底层紧实，应增施有机肥，排涝防渍，水稻收前提早落干，适时深耕晒垡，再浅耕细耙。春麦区要在地冻前进行耕翻整地，以利早春及时播种。缺肥低产麦田，可采取浅耕或浅翻深松及旋耕等方法；容易遭受风蚀或水蚀的麦田应实行免耕法；缓坡地用无壁犁横坡向耕作、带茬耕作或带状耕作，可防止或减轻水土流失。

（2）田间耕作。小麦播种后和生长期间，田间湿度大，或下雨、灌水后，或北方麦田早春土壤解冻返浆后，可采用中耕、耙地或搂麦等措施，及时破除地表板结，疏松表土，改善通气条件，以利小麦出苗和生长；麦播后如遇到土层土壤疏松，表土干燥，或越冬前后麦田经冻融交替，土松空隙增大，应及时镇压，以保麦苗安全越冬和健壮成长。对于缺少稳固性结构和过于松散的土壤，应减少中耕和耙地次数，以防破坏土壤团粒结构，造成水土流失或风蚀；盐碱土和低湿黏土不宜镇压，以防返盐或使土壤过于紧密，影响麦苗生长。在小麦生长期间，适时、适度中耕有利于小麦生长；深中耕和镇压可抑制小麦旺长，预防倒伏。在进行麦田耕作管理时，应掌握的原则是：地湿土黏时以松土为主，土壤干燥、疏松时以压地为主，二者常结合进行。坷垃多或表土结成硬壳的麦田，应先压后耙；土壤板结、出现裂缝的麦田，应先松土后镇压，这样不仅可防止掀土块，而且可弥塞裂缝，有利小麦生长。

12. 小麦不同生育时期的耗水特点如何？

小麦一生中的耗水量受品种、气候、土壤、栽培管理等因素影响很大，每亩耗水 260~400 m³，合 400~600 mm 降水。

拔节前温度低，植株小，耗水量较少。时间长，而耗水量只占全生育期耗水的 30%~40%。

拔节到抽穗，冬小麦进入旺盛生长时期，耗水量急剧增加。由于植株茎叶的覆盖，株间蒸发大大降低，而叶面蒸腾显著增加。该时期时间短，而耗水量却占全生育期的 20%~35%，日耗水量达 2 m³/亩以上。春小麦这一阶段耗水也多，在 20 d 左右，水占全生育期的 25%~29%，日耗水量在 4 m³/亩左右。

抽穗到成熟，冬小麦在这一时期的时间也较短，而耗水量占全生育期耗水的 50%左右。春小麦抽穗到成熟的日期较长，耗水量一般都占全生育期耗水量的 50%左右。但由于各地气候不同，耗水量的差别也较大。

13. 小麦不同生育时期对营养物质需求是如何变化的？

小麦一生需经历出苗、分蘖、返青、拔节、孕穗、灌浆，直至成熟。苗期对养分的需求十分敏感，充足的氮能使幼苗提早分蘖，促进叶片和根系生长，磷素和钾素营养能促进根系发育，提高小麦抗寒和抗旱能力。起身、拔节需要较多的矿质营养，特别对磷和钾的需要量增加，氮素主要用于增加有效分蘖数及茎叶生长，钾用于促进光合作用和小麦茎基部组织坚韧性，还能促进植株内营养物质的运转。小麦抽穗后养分供应状况直接影响穗的发育。供应适量的氮肥，可减少小花退化，增加穗粒数。磷对小花和花粉粒的形成发育以及籽粒灌浆有明显的促进作用，足量的磷素供给，能减少不孕小穗数，对增加千粒重有明显的效果。钾对提高光合效率，促进碳水化合物的形成、运转和淀粉合成有重要作用，还能促进小麦对氮的吸收，对增加粒重和籽粒品质有较好的作用，另外钾还可使茎秆坚韧，抗倒伏。小麦开花后，根系的吸收能力减弱，植株体内的养分能进行转化和再分配，但后期供给适当的氮素营养可增加粒重，提高品质。后期还可通过叶面喷肥供给适量的磷钾肥，以促进植株体内的含氮有机物和糖向籽粒转移，提高千粒重。小麦正常生长发育还需吸收少量的微量元素，例如，锌能提高小麦有效穗数，增加每穗粒数，提高千粒重；钼能提高小麦有效分蘖率，增加穗数。

14. 不同肥料元素与小麦生长的关系如何？

小麦在生长发育过程中，除需要大气中的碳、氢、氧外，还需要消耗土壤中的氮、磷、钾、钙、镁、硫、铁、锰、锌、铜、钼、硼等元素。其中需要量和对产量影响较大的是氮、磷、钾 3 种元素。根据有关资料报道，每生产 100 kg 籽粒，需纯氮 3 kg、五氧化二磷 1~1.5 kg、氧化钾 2~4 kg。氮、磷、钾在植株不同部位含量不同，氮、磷主要集中在籽粒中，占全株总含量的 76% 和 82.4%，钾主要集中在茎秆中，占全株总含量的 70.6%。

氮除了一般的生理功能外，对小麦苗期根、茎、叶的生长和分蘖起着重要作用，对拔节期绿叶面积的增大尤为显著。由于叶面积增大，增强了叶片光合作用和营养物质的积累，从而为穗分化、开花和籽粒形成提供了物质基础。在后期施用适量的氮肥，能够提高小麦的千粒重和籽粒的蛋白质含量。氮肥不足，造成小麦根少、株小、分蘖少、叶色浅、成熟早、穗小粒少、产量低。氮肥过量，也会造成苗期分蘖过多，有效分蘖降低，根系和地上部比例失调，茎秆徒长，抗逆性差，易受病虫害侵染，贪青晚熟，倒伏减产。

磷能使小麦早生根、早分蘖、早开花，并促进植株体内糖分和蛋白质的代谢，增强抗旱、抗寒能力。小麦开花后，在籽粒形成中能够加快灌浆速度，增加千粒重，提早成熟。如果磷素不足，苗期根系发育弱，分蘖减少，叶片狭窄呈紫色，小麦拔节、抽穗、开花延迟，且授粉也会受到影响，其结果是穗粒数减少、千粒重降低和产量下降。

钾能增强光合作用和促进光合产物向各个器官运转。在小麦苗期，钾能促进根系发育，拔节期能增加茎秆细胞壁厚度，促进细胞木质化，使茎秆坚硬，从而增强小麦抗寒、抗旱、抗高温、抗病虫害和抗倒伏能力。在灌浆期，钾素可促进淀粉合成、养分转化和氮素的代谢，使小麦落黄好、成熟早，从而增加产量和改进品质。

小麦虽然吸收锌、硼、锰、铜、钼等元素很少，但这些微量元素对小麦的生长发育却起着不可替代的重要作用。如果小麦缺少某种微量元素，就会出现严重的缺素症状，影响正常生长发育，甚至造成严重减产。例如锌在越冬前吸收较多，返青、拔节期缓慢上升，抽穗到成熟期吸收量最高，占整个生育期吸收量的43.3%。小麦幼苗生长阶段，锰营养不足会使麦苗基部出现白色、黄白色、褐色斑点，严重的叶片中部组织坏死、下垂。锰对小麦的叶片、茎的影响较大，缺锰的植株叶片和茎呈暗绿色，叶脉间呈浅绿色。缺硼的植株发育期推迟，雌雄蕊发育不良，造成小麦不能正常授粉、结实而影响产量。

15. 为什么要提倡在冬前化学除草？

过去群众只习惯在春季开展化学防除，对其弊端并不十分明了。在春季进行化学防除的弊端：一是有效用药时间短，极易错过防除时机，防除面积小。二是春季麦苗对杂草的覆盖度大，杂草受药面小，导致除草效果差。三是杂草个体发育健壮，抗药力增强，降低了防除效果。四是麦田中行走困难，喷药效

麦田化学除草

率低，质量难保证，也为药害的发生埋下了隐患。因此，应在冬前大力开展麦田化学除草。小麦播种后 40 d 左右是开展冬前化除的最佳时机。对以禾本科杂草如节节麦、野燕麦发生为主的田块，建议选用精噁唑禾草灵进行防除，对以节节麦、蜡烛草、看麦娘发生为主的田块，选用世玛防除；对以阔叶杂草如播娘蒿、猪殃殃、荠菜等发生为主的田块，建议选用唑草酮、苯磺隆、唑草·苯磺隆予以防除；对以禾本科与阔叶杂草混生的田块，选用二磺·甲碘隆进行防除。要抓住初冬气温尚高的有利时机，切实把冬前化学除草落到实处，为夺取翌年丰收奠定基础。

16. 小麦叶面施肥有什么作用？

小麦从苗期到蜡熟前都能吸收叶面喷施的氮素营养，但不同生育期所吸收的氮素对小麦生长有不同的影响。一般认为，小麦生长前期叶面喷氮有利小麦分蘖，提高成穗率，增加穗数和穗粒数，从而提高产量，而在生长后期叶面喷施氮肥可明显增加粒重，同时提高了籽粒蛋白质含量，并能改善加工品质。

17. 小麦什么时候收获最好？

俗话说"九成熟，十成收，十成熟，一成丢"，这就是说小麦不能等到完全成熟才收获，这样不仅落粒重，损失大，而且易受天气影响发生穗发芽、霉病。更主要的是成熟迟收的小麦，籽粒养分要向茎秆和根部倒流。这是农民群众肉眼所看不到的。因为若等到小麦植株完全干枯后再收获时，小麦茎、秆、叶，以及根基等已不能再制造和积累养分。但这些营养体仍需要消耗养分进行呼吸。这样就必然要从籽粒中吸收营养，造成的后果是收获过迟粒重降低。当然，过早收获也不利，茎叶正处于向籽粒输送养分的时期，小麦籽粒鲜重并未下降还在上升时收获会造成籽粒水分多，分量轻，易形成瘪粒、秕粒、腹沟深，种皮失去光泽，影响小麦产量和品质。高产小麦最适宜的收割期是蜡熟中末期至完熟初期。其中，人工收割以蜡熟中期为宜，机械收割以完熟初期为宜。蜡熟中末期，全株转黄，茎秆仍有弹性，籽粒黄色稍硬，含水量 20%～25%；完熟初期叶片基本枯黄，籽粒变硬，呈品种本色，含水量 20% 以下。适期收获产量高，品质好。过早收割，籽粒不饱满，产量低，品质差。收获过晚，不但易掉穗落粒，而且籽粒呼吸和水淋溶作用会使蛋白质含量降低，碳水化合物减少，千粒重和出粉率降低。值得一提的是，目前一些晚熟麦田为方便机收而提前收割，其产量损失较大。

第三节 常用小麦生产技术

 18. 小麦原种与良种有什么区别?

小麦原种是良种繁殖场和品种培育机构通过原种生产程序繁殖的纯度高,质量好,而且能够进一步提供繁殖良种的基本种子。小麦良种是基于原种,根据土地适当改良的品种,质量和产量更好。

19. 小麦能自留种吗?

一般来说,留种播量大,而且种子发芽率低,抗病,抗虫,抗倒伏能力弱,产量也不高,但成本低。购买种子,一亩地基本上使用 10 kg 小麦种子,播量小,而且由于是良种,在抗病、抗虫,以及抗倒伏方面都较好,同时产量也比自留种要高,不过成本较高。综合来看,还是购买种子比较好,虽然成本较高,但是抗病、抗虫效果比较好,最终产量较自留种也有较大提升,且最后收益也非常可观。

20. 选择小麦良种时是否需要选择多个品种?

如果种植面积较小,可只选择一个品种;如果种植面积较大,就要考虑选择多个品种,以防止因为气候原因造成减产,某一年份气候条件可能不合适种植某一品种,因此种植单一品种风险较高。

21. 小麦播前要做哪些准备工作?

(1)播前整地。在播种前应深耕土壤,打破犁底层,增加土壤透气性,以利于根系的下扎,同时清除或深翻地面杂草,减少杂草和麦苗争夺养分;增施有机肥,提升土壤肥力,增强透气性和保水保墒能力。

(2)种子选择。根据当地生产需要和气候条件、水利条件选择合适品种,比如济麦 22、济麦 44 等。

(3)种子处理。晴朗天气对种子进行包衣处理,包衣剂应选择持效期长,但残效期短,能被自然降解的药剂,以最大限度地避免对土壤和小麦的污染。

(4)对播种机进行调试。根据实际情况对播种行距、播量、播深进行调试。

(5)播种时间。冬小麦的播种时间一般在白露到寒露之间,大部分地区

小麦播种

以秋分至寒露时播种为宜，要求温度在 16~20 ℃。

22. 小麦底肥应该怎样选择？

选择小麦底肥，一定要用富含氮、磷、钾的肥料，氮、磷、钾的比例约为 3：1：3。可以选择三元复合肥（如氮：磷：钾 = 15：15：15），也可以用二铵和钾肥搭配，当然，也可以用尿素、磷肥和钾肥分别配比施作底肥，也可以用二铵和钾肥搭配。但土壤自身的肥沃度有差异，有些地块本身就很肥沃，底肥相应可以减少，有些地块本身就比较贫瘠，底肥相应就要增加。

23. 怎样判断土壤墒情促进小麦出苗？

判断土壤墒情可以通过这样的方法：用手抓土能成团，指头捏土能成片，这样的墒情，小麦萌发出苗没有问题。播种前，如果墒情不足，要浇好底墒水，有利于苗齐，又能引导麦根下扎，提高抗逆能力。

24. 田地多久深耕一次比较适宜？

土地深耕一般 3 年 1 次，耕地深度 20~30 cm，土地深耕可以打破犁底层，加深耕层，熟化底土，利于小麦根系深扎。

25. 小麦晚播对产量有什么影响？

（1）温度低，出苗慢，出苗率低，苗龄小，冬前营养生长量不够而形不成壮苗。

（2）根系不发达，分蘖少，体内有机养分积累少，抗逆性差。

（3）发育延迟，穗分化开始晚，穗头小。

（4）成熟延迟，种子形成和灌浆过程处在较高温度条件下，千粒重降低，显著减产，影响品质。

26. 小麦晚播如何增加产量？

（1）据当地的情况适当增加播种量。

（2）精细整地。深耕（松）耙压整地、秸秆粉碎均匀还田、施足底肥补足底墒、播后镇压，提高整地质量，打好麦播基础，确保播种质量。

（3）适时晚播。以冬前积温和选用品种特性为基本依据，科学确定适宜播期。北方冬麦区适宜晚播期 10 月 5—12 日、不迟于 10 月 20 日，黄淮海北部地区为 10 月 7—15 日、不迟于 10 月 25 日，黄淮海南部地区为 10 月 15—25 日、不迟于 10 月 30 日。

（4）浇好越冬水。对缺墒麦田和秸秆还田、旋耕播种、土壤悬空不实的麦田，一般在 11 月底至 12 月上旬，日平均气温稳定在 3 ℃左右时进行灌溉，浇水后进行松土保墒，防止地表龟裂，避免透风伤根死苗。

27. 小麦种子进行包衣处理有什么作用？

（1）减轻小麦虫害造成的损失。小麦拌种剂一般都含有杀虫剂，能趋避地下害虫，预防地上害虫的大面积发生，减轻虫害造成的损失。

小麦种子包衣

（2）减轻小麦病害造成的损失。小麦拌种剂一般都复配有杀菌剂，从种子播种时就形成一种预防的措施，抑制病菌的侵染，减轻病害的发生，从而取得产量的增加。

（3）健壮植株，增强抗逆性，增加产量。

28. 小麦一亩地播多少合适？是不是多播就会产量高？

在正常情况下每斤小麦种子可出 1.1 万株苗，每亩播种 10 kg 种子，基本苗可达 22 万株，每株分蘖一个就可达 44 万穗，小麦一般每亩成穗 45 万穗左右；播量过大，会造成田间郁闭，通风透光不良，易遭受病虫害侵袭，麦苗之间相互争夺养分、争夺阳光，麦苗根系发育差、分蘖少、养分消耗大、缺肥发黄、易倒伏。播量过小或整地质量差，头数不够。

29. 影响小麦萌发出苗的因素有哪些？

（1）品种特性及种子质量（内因）：种皮厚度、种子休眠期的长短、种子蛋白质含量、种子大小等。

（2）环境因素（外因）：温度、水分、氧气等。

30. 小麦壮苗的途径有哪些？

（1）施足底肥。底肥以农家肥为主，化肥为辅。

（2）提高整地质量。适当加深耕层，破除犁底层，加深活土层。

（3）坚持足墒播种，提高播种质量。在保墒或造墒的基础上，选用粒大饱满、生存力强、发芽率高的良种。

（4）适期播种。一般适宜的播种期应在日平均气温 16~18 ℃。

（5）播种适量。精播的播种量要求实现的基本苗数为每亩 6 万~12 万。

31. 小麦授粉时能浇水吗？

小麦授粉期不能浇水，在此时浇水的话，会让土地的湿度迅速增加，这样会影响小麦扬花，对其生长不利。而且在授粉期浇水可能会导致花粉掉落，从而导致无法授粉的情况出现。此外，在授粉期这段时间正是赤霉病发生的高峰期，此时田间湿度高容易引起病害，这样就会影响最后的产量，因此不要在授粉期浇水。

32. 小麦灌浆时应采取哪些管理措施？

（1）水肥管理。根据小麦田土壤墒情，及时浇灌浆水。需要注意的是，下雨大风前严禁浇水，容易造成小麦倒伏。此外可以喷施液体肥，增强小麦的抗逆性，提高灌浆速度，延长灌浆时间。

（2）病虫害管理。灌浆期病害以防治白粉病、锈病、赤霉病为主。

33. 小麦何时收获？

冬小麦一般播种时间为 10 月初至下旬，收获一般在翌年 5 月底至 6 月初。

34. 小麦收获有哪些注意事项？

（1）适时收获。小麦收获过早，会导致籽粒不饱满，产量和品质都较低，同时籽粒水分也较高，不易存储；小麦收获过晚也不好，麦粒易掉落，秸秆易倒伏，增加了收获难度，易造成收获损失。

（2）注意天气情况。收获小麦的最佳天气是晴天，因为晴好天气利于进行小麦晾晒工作，而阴雨天气不易晾晒，增加了小麦发生霉变的可能性。

（3）籽粒仓储。刚收获的小麦籽粒要放在通风条件较好的仓库内，同时要定期通风晾晒，避免发生霉变，影响小麦品质。

（4）收获后田间管理。小麦收获后，田间残留大量秸秆，最好将小麦秸秆做还田处理，这样可起到培肥地力的作用。

小麦成熟收获

35. 小麦秸秆还田有什么作用？

（1）秸秆还田增加土壤有机质和养分含量。小麦秸秆内含有丰富的氮、磷、钾、钙、镁等多种营养元素和有机质。

（2）改善土壤物理性状。土壤物理性状的改善使土壤的通透性增强，提高了土壤蓄水保肥能力，有利于提高土壤温度，促进土壤中微生物的活性和养分的分解利用，有利于作物根系的生长发育，促进了根系的吸收活动。

（3）提高土壤的生物活性。秸秆还田可以增强各种微生物的活性，即加强呼吸、纤维分解、氨化及硝化作用。此外，秸秆分解过程中能释放出 CO_2，使土壤表层 CO_2 浓度提高，有利于加速近地面叶片的光合作用。

36. 小麦从播种到收获要用到哪些农机？

深耕机、旋耕机、小麦播种机、小麦包衣机、小麦飞防机、小麦收割机等。

第四节　小麦病虫草害和自然灾害的防御

37. 倒春寒对小麦的影响有哪些？

拔节和孕穗阶段，是冬小麦生长的关键时期，因此，如果这段时间发生倒春寒，对冬小麦的不利影响是非常大的。通常会使正处于健壮生长状态的小麦植株遭受冻害，轻者部分叶片受伤，重者导致植株上部受伤，之后出现打蔫甚至呈现枯萎状态。如果不及时采取补救措施，冬小麦植株抵抗病虫害的能力大大降低，而且会诱发纹枯病等多种病害的发生。

38. 冻害、冷害有什么区别？

区分两者最简单的方式是从温度条件来看，冻害发生时温度必须在 0 ℃以下，作物遭受伤害；冷害发生时温度在 0 ℃以上低温，作物遭受伤害。

39. 如何防治小麦冷害？

（1）补肥与浇水。小麦受冷害后应立即施速效氮肥和浇水，氮素和水分的耦合作用可以促进小麦分蘖成穗，提高分蘖成穗率、弥补主茎损失。

（2）叶面喷施叶面肥、植物生长调节剂。小麦受冻后，及时叶面喷施植物生长调节剂，对小麦恢复生长具有明显的促进作用，表现为中、小分蘖的迅速生长和潜伏芽的快发，明显增加小麦成穗数和千粒重，可显著增加小麦产量。

（3）防治病虫害。小麦遭受低温冷害后，抗病能力降低，极易发生病虫害，应及时喷施杀菌杀虫剂，防治病虫害。

喷施叶面肥

40. 小麦冻害分为几类？

小麦冻害分为冬季冻害和春季冻害。冬季冻害是小麦进入冬季后至越冬期间由于寒潮降温引起的冻害。春季冻害是小麦在过了立春季节进入返青拔节这段时期，因寒潮到来降温，地表温度降到 0 ℃以下，发生的霜冻危害。

小麦冻害

41. 小麦冬季冻害的防治措施有哪些？

选用抗寒品种，适期播种。避免过早播种，以免冬前出现旺长，遭受冻害。提高整地、播种质量，避免田间秸秆过整、过多而影响播种；同时提倡播前、播后双镇压模式，避免深播与过分浅播的现象出现，可使小麦苗齐苗壮，可明显提高小麦抗冻能力。及时追施肥水，促进小分蘖迅速生长。

42. 小麦春季冻害的防治措施有哪些？

（1）提高整地、播种质量、冬前镇压、培育壮苗。

（2）早春喷药。一般在小麦返青起身期及时喷施调理生长类药剂，来提高小麦对冻害的抵御能力。

（3）及时施肥浇水。对受到早春冻害的小麦应立即浇水，追施速效氮肥，促进小麦尽早分蘖、提高分蘖成穗率，减轻冻害造成的损失。

43. 小麦怎样应对倒春寒？

在倒春寒来临之前，要进行浇水预防，还可以喷施调节剂营养类的物质，来预防低温对小麦生长造成的影响。受到早春冻害的小麦应立即施速效氮肥和浇水，促进小麦早分蘖、增加每亩穗数，从而减轻冻害的损失，一般每亩追施尿素 10 kg 左右。

倒春寒

44. 造成小麦出现瘪粒的原因有哪些？

（1）气候影响。低温多雨、积温不足、病虫害、倒伏、干热风等。

（2）人为影响。水肥不跟趟、病虫害防治不及时、药害、下种量过多与浇水时机不当引起倒伏等。

45. 怎样防治小麦渍害？

（1）清理沟渠。秋播前对长期失修的深沟大渠要进行淤泥疏通，抬田降低地下水位，做到田水进沟畅通无阻，即使遇到冬麦雨水频繁或下大雨过多时，也可顺利排出。

（2）增施肥料。小麦遇到渍害后，根系活动大大减弱，吸收能力大大降低，此时要早施提苗肥，重施拔节孕穗肥，以肥促苗生长。

（3）中耕除草、松土。渍害发生后，土壤易板结，不利于根系呼吸，部分田块杂草多，此时在土壤稍见干时及时中耕除草、松土，以利增加土壤通透性，促进小麦根系发育，增加小麦分蘖，促进麦苗生长，加快苗情转化，使小麦增穗、增粒而增产。

小麦渍害

46. 怎样预防小麦倒伏？

（1）选用高产抗倒的品种。

（2）扩行精播，建立合理的群体结构，防止群体过大。

（3）配方施肥，平衡施肥，采取前促、中控、后攻的施肥策略。

（4）化控防倒，每千克麦种用多效唑 1 g 拌种。

小麦倒伏

47. 倒伏的小麦有什么补救措施？

小麦倒伏后切忌扶麦和捆麦，而应加强白粉病、纹枯病的防治，同时可用强力增产素进行根外喷肥，达到保绿防衰、增粒增重、大幅增产的效果。

48. 小麦生长后期降水过多对小麦有什么影响？

冬小麦生长后期多雨严重影响小麦的及时收割、脱粒及晾晒入库，主要体现在穗上发芽、千粒重下降、收获期推迟、收割脱粒时掉穗落粒等现象，使小麦产量和品质大幅度下降。其中，千粒重下降有多方面的因素，既因光照不足导致灌浆不足而下降，又因发芽、霉变消耗养分而下降，还因推迟收获使养分

麦田积水

倒流和雨水淋湿而下降。应对方法如下。

（1）加强病虫害防控。雨后麦田湿度加大，伴随着高温，白粉病、叶锈病、赤霉病等有可能严重发生，甚至暴发流行，直接影响小麦灌浆，降低粒重而减产。重点关注病虫害发生动态，随时准备紧急防控。

（2）及时排出麦田积水。大雨过后局部可能出现麦田积水，要及时排出积水，减轻渍害，保根护叶，防御倒伏，促进小麦能够正常成熟，提高粒重。对倒伏麦田，要在第一时间排出积水，防止穗发芽和籽粒霉变。

49. 小麦误打除草剂导致出现药害怎么办？

（1）观察除草剂药害的发生程度，如果是轻微的除草剂药害，叶尖或叶片轻微发黄，对于小麦的生长影响不大，可以不用刻意管理，也可以喷施24-表芸苔素内酯、赤·吲乙·芸苔等。

（2）如果药害发生相对重一些，叶片发黄面积大，并且分蘖数减少，就需要引起重视了。可以进行适量的追肥，促进小麦的生长。还可以喷施24-表芸苔素内酯、赤·吲乙·芸苔等植物生长调节剂，同时，加入磷酸二氢钾以及其他的中微量元素叶面肥，共同缓解小麦除草剂受害症状。

（3）如果药害发生特别严重，小麦叶片全部发黄、发蔫，根系也已经腐烂，用手轻轻提可以提出来，说明小麦已经死亡，可以及时改种春季作物，比如春玉米、春花生等，减少损失。

24-表芸苔素内酯和赤·吲乙·芸苔

50. 小麦赤霉病发生的条件有哪些？

抽穗、扬花期遇阴雨天气，地势低洼、排水不良、土壤偏黏、偏施氮肥、种植密度大。小麦抽穗扬花阶段气温高、湿度大对小麦赤霉病发生极为有利。

小麦赤霉病

51. 预防小麦赤霉病有哪些措施？

（1）选用抗耐病性强的优良品种，赤霉病常发区应当选取中等抗性以上的品种，同时可以采用拌种剂拌种，降低发病率。

（2）加强农业防治，适时播种，播种前通过深耕压埋秸秆等病残体来减少病菌侵染来源。加强田间管理，实行测土配方平衡施肥，氮肥后移，避免偏施。防止大水漫灌，及时开沟排水降渍，及时理墒，降低田间湿度。合理密植避免小麦群体过大造成田间郁闭，以减轻病害流行为害。

（3）化学防治，防治小麦赤霉病的主要时期在扬花前期，特别是连续阴雨天气，应该做到雨前预防和雨后控制相结合。目前有效防治小麦赤霉病的药剂有氰烯菌酯、戊唑醇等三唑类药剂混用防治赤霉病。

52. 小麦条锈病发生的条件有哪些？

低温高湿是锈病发病的主要原因。小麦条锈病夏孢子萌发的最适温度为 $5\sim12$ ℃，最高温度为 $20\sim26$ ℃，夜间 15 ℃是小麦条锈病发生发展的关键时期。小麦返青后，越冬病叶中的菌丝体复苏扩展，当温度在 $3\sim20$ ℃时生长和产孢，如遇结露、降雾或毛毛雨有利于病害扩展蔓延，引致春季流行，成为该病主要为害时期。

小麦条锈病

53. 小麦条锈病的防治措施有哪些？

（1）种植抗病品种。不同小麦品种对条锈病的抗性差异非常明显，各地都选育出了不少抗锈病品种，可因地制宜推广种植，在选种良种时应当注意品种的合理布局和轮换种植，避免单一品种的大面积种植。

（2）农业防治。根据小麦条锈病的易发时间选择播种适期，避开发病高峰期；合理施肥，控制氮肥的用量，增施磷钾肥，补充微量元素肥料，避免偏施、迟施氮肥引起的植株贪青晚熟；合理灌溉，降雨后或土壤湿度较大时要注意开沟排水降低田间湿度，减轻小麦植株的发病程度；后期发病较重的地块应适当灌水，以减少产量损失。

（3）化学防治。小麦播种时采用三唑酮等三唑类杀菌剂进行拌种或种子包衣，例如，15%或25%三唑酮可湿性粉剂、12.5%烯唑醇可湿性粉剂、15%三唑醇可湿性粉剂等。喷药防治是大面积控制条锈病流行为害的主要手段。在小麦拔节或孕穗期至抽穗期病叶率达5%~10%，利用三唑酮（15%、25%可湿性粉剂，20%乳油，20%胶悬剂），每公顷用药60~180 g（或 mL）（有效成分），如病情严重，15 d后再施药1次。小麦高感品种，每公顷150~180 g（或 mL）（有效成分）；中感品种，每公顷105~135 g（或 mL）（有效成分）；慢感品种，每公顷60~90 g（或 mL）（有效成分）。

54. 小麦叶锈病发生的条件有哪些？

冬小麦播种越早小麦秋苗叶锈也就发病越早越重，冬季气温高、积雪时间

小麦叶锈病

长，土壤湿度大，越冬菌源多，发病就越重。春季降水量、降雨次数及气温回升的早晚是影响叶锈流行的主要因素。春季升温早、湿度大有利于病害的发生与流行。小麦生长中后期，湿度对病害影响较大，小麦抽穗前后，频繁降雨有利于病害发生。另外，小麦冬灌、追施氮肥过多过晚、大水漫灌或灌溉次数过多均有利于病害发生。

55. 小麦叶锈病的防治措施有哪些？

小麦叶锈病防治时应以种植抗病品种为主，农业防治和化学防治为辅。

（1）种植抗病品种。在品种选择过程中应选择成株抗锈病和多抗基因的品种，多品种合理搭配轮换种植，避免单一品种长期大面积种植造成抗病性退化。

（2）农业防治。小麦收获后翻耕灭茬，消灭杂草和自生麦，减少菌源；适期晚播，降低病原菌越冬基数；合理密植，控水控肥；锈病发生时，多雨地区麦田要及时排水，少雨地区要及时灌溉，补充因锈病发生造成的水分流失。

（3）化学防治。一是种子拌种或包衣，常用戊唑醇、烯唑醇、三唑酮、三唑醇等，例如，用种子重量0.1%的戊唑醇（15 mL/15 kg种子）进行拌种处理。二是适时喷药，小麦叶锈病普遍率5%以下时，喷洒25%粉锈宁1 500~2 000倍液两次，隔10 d 1次，喷足喷匀。另外，三唑酮乳油1 000倍液、43%戊唑醇悬浮剂2 000~3 000倍液、12.5%烯唑醇可湿性粉剂3 000~4 000倍液也具有很好的防效。

56. 小麦白粉病的主要发生条件有哪些？

小麦白粉病发生和流行的主要影响因素如下。

（1）菌源。菌源是病害发生的基础，白粉病菌越夏和越冬的菌源多少直接影响病害的发生和流行程度。

（2）品种抗病性。生产上种植品种的抗病性和种植面积对病害的发生和流行具有重要影响。

（3）温度。温度主要影响越冬和越夏菌源的数量、初始发病时间、潜育期长短及病害扩散速度。该病发生适温 15~20 ℃，低于 10 ℃发病缓慢。

（4）降水量。降水量少的地区降水有助于病害的发生与流行，多雨地区，过量的降水量对病害的发生和流行不利。相对湿度大于 70%有可能造成病害流行。

（5）日照。小麦白粉病的分生孢子对直射阳光很敏感，在发病期间，日照少、阴雨天有利于病害发生流行；反之病害减轻。

（6）栽培条件。施氮过多，造成植株贪青、发病重。管理不当、水肥不足、土地干旱、植株生长衰弱、抗病力低、也易发生该病。

小麦白粉病

57. 小麦白粉病的防治措施有哪些？

（1）选用抗病品种。品种之间对白粉病的抗病性有明显差异，应注意选用高产耐病品种。各地可因地制宜选用。

（2）改进栽培管理。氮、磷、钾肥合理施用，适当增施磷钾肥，提高植株抗病能力；在秋播前尽量铲除自生麦苗，减少秋苗发病。

（3）药剂防治。小麦播种时，选用2%戊唑醇悬浮种衣剂 1:14 稀释后按照 1：50 进行种子包衣。春季在孕穗期至扬花期，当病茎率 15%～20% 或病叶率 5%～10% 时进行防治。主要药剂如下。①三唑类杀菌剂：12.5% 烯唑醇可湿性粉剂 40～60 g/亩（有效成分 5～8 g/亩）、40% 腈菌唑可湿性粉剂 10～15 g/亩（有效成分 4～6 g/亩）。三唑类杀菌剂 1 年防治 1 次，重病地块用药 2 次。②甲氧基丙烯酸酯类杀菌剂：20% 嘧菌酯悬浮剂、25% 嘧菌酯悬浮剂、20% 烯肟菌胺，使用剂量均为 5～10 g/亩（有效成分）。田间根据天气和病情用药 1～2 次。

58. 小麦纹枯病的发生条件有哪些?

（1）品种抗病性。

（2）前茬农作物携带纹枯病病菌在土壤病残体中越冬越夏的数量。

（3）带有该病菌未腐熟的农家肥。

（4）收割机收割带有纹枯病的病菌跨区域收割后造成病菌的传播。

（5）小麦留种携带有纹枯病病菌等都可造成纹枯病的发生。

（6）早播种、播种量过大也会造成纹枯病的发生。

（7）氮、磷、钾肥配合施撒不合理，造成抗病能力差，也是纹枯病侵染的原因之一。

（8）连续阴雨天气也会造成纹枯病的发生。

小麦纹枯病

59. 小麦纹枯病的防治措施有哪些?

（1）选用抗病性较强的品种。目前推广的小麦品种较多，但大多数是感病和中感品种，未发现高抗品种。

（2）农业防治。适期精量播种，控制群体数量；做好田间排水，降低田间湿度；平衡施肥，不偏施氮肥，增施钾肥，增强植株的抗病能力。

（3）药剂防治。①药剂拌种：2%戊唑醇悬浮剂，每 10 kg 小麦种子用药 15～20 g，加水 0.5 kg 拌种或 30 g/L 苯醚甲环唑悬浮种衣剂，每 10 kg 小麦种子用药 20～30 g。②适时喷药：防治关键时期是小麦拔节初期，病株率达到 10%时开始第一次防治，后续根据田间病情决定是否需要进行二次用药。防治药剂主要有丙环唑、己唑醇、戊唑醇等单剂及其复配药剂。

60. 小麦主要的虫害有哪些？

为害小麦的害虫分为地上害虫和地下害虫，地上害虫主要有蚜虫、麦蜘蛛，地下害虫主要有蝼蛄、金针虫、地老虎等。

61. 怎样防治小麦蚜虫？

（1）适时集中播种，冬小麦适当晚播，春小麦适时早播，合理控制水肥，主要控制好小麦苗期蚜虫防治和蚜虫发生初期防治。

（2）种子处理，压低蚜虫基数。播种前，可用 30%噻虫嗪种子处理悬浮剂 400～500 mL/kg 种子、32%戊唑·吡虫啉悬浮种衣剂 300～700 mL/kg 种子、0.5%噻虫嗪颗粒剂 9～12 kg/亩、0.1%噻虫胺颗粒剂 40～50 kg/亩拌土撒施。

（3）小麦苗期防治麦蚜虫，发现中心病株时应及早防治。如果前期没有用吡虫啉拌种或土壤处理，在小麦返青、拔节期和抽穗期，要定期到田间查看，一旦发现为害中心，迅速喷药防治。可用 10%吡虫啉可湿性粉剂 30～40 g/亩、1.8%阿维菌素乳油 10～15 mL/亩、15%阿维菌素·毒死蜱乳油 20～30 mL/亩、25 g/L 联苯菊酯悬浮剂 50～60 mL/亩、25 g/L 高效氯氟氰菊酯微乳剂 12～20 mL/亩。视虫情，间隔 7～10 d，连续喷洒 1～3 次。喷雾防治，前期一

小麦蚜虫

定要喷雾仔细，如果这个时候防治彻底，那么，穗期蚜虫就比较容易防治。

（4）小麦穗期防治麦蚜虫，应在小麦扬花灌浆初期，百株蚜虫超过500头，用25%吡虫啉·噻嗪酮可湿性粉剂16～20 g/亩、3%啶虫脒乳油40～50 mL/亩、20%高效氯氟氰菊酯·辛硫磷乳油40～60 mL/亩、5%高效氯氟氰菊酯·吡虫啉乳油20～50 mL/亩，兑水40～50 kg。一定要注意喷洒旗叶和麦穗，喷药要均匀细致。

62. 怎样防治麦蜘蛛？

（1）农业防治。①轮作：采用轮作倒茬、合理灌溉、麦收后浅耕灭茬等方法降低虫源。②灌水灭虫：在麦蜘蛛潜伏期灌水，使虫体被泥水粘于地表而死；灌水前扫动麦株，麦蜘蛛假死落地后灌水灭虫效果更佳。③加强田间管理：一要施足底肥，保证苗齐苗壮，并要增加磷钾肥的施入量，保证后期不脱肥，增强小麦自身抗病虫害能力；二要及时进行田间除草，减轻麦蜘蛛为害。

（2）药剂防治。①拌种：针对麦蜘蛛为害较重的地区和田块，建议使用甲拌磷进行麦种拌种，对麦蜘蛛有较好的防治效果。②麦田红蜘蛛发生较重时，用10%甲氰菊酯乳油10 mL/亩、20%哒螨灵可湿性粉剂10～20 g/亩、5%噻螨酮乳油50～66 mL/亩，兑水40～50 kg，均匀喷雾，可有效防治麦蜘蛛。

麦蜘蛛

63. 怎样防治小麦蝼蛄？

（1）夏收后及时翻地，减少蝼蛄的产卵场所，秋收后大水灌地迫使深层蝼蛄向上迁移，结冻前深翻，把翻上地表的蝼蛄冻死。

（2）种子处理可以有效防治蝼蛄，可以选用10%三唑酮·甲拌磷拌种剂80～100 g/100 kg种子、20%多·拌·锌（多菌灵·甲拌磷·硫酸锌）悬浮种衣剂 333~400 g/100 kg 种子，进行处理。

（3）蝼蛄为害严重的地块，将 20%毒死蜱微囊悬浮剂 550~650 mL/亩、3%辛硫磷颗粒剂 3~4 kg/亩等药剂撒于播种沟，然后进行耙地。

（4）小麦生长期，可以选用 50%辛硫磷乳油、35%甲基硫环磷乳油 500~1 000 倍液浇灌。

小麦蝼蛄

64. 怎样防治小麦金针虫？

（1）农业防治。①浇水压虫：当麦田发生金针虫为害时，适时浇水，可减轻金针虫为害。②深翻和精细整地：麦收后及时伏耕，破坏蛹室及蛰后成虫的土室，并将部分成虫、幼虫、蛹翻至地表，使其遭受不良气候的影响和天敌的杀害，增加死亡率。③灯光诱杀：利用金针虫成虫趋光性，于成虫发生期在

小麦金针虫

田间地头设置杀虫灯诱杀成虫。

（2）药剂防治。①播种或定植时选用27.2%氟环菌·咯菌腈·噻虫嗪种子处理悬浮剂200~400 mL/100 kg种子、300 g/L氯氰菊酯悬浮种衣剂150~200 mL/100 kg种子，进行拌种处理。②在播种时，也可以用5%辛硫磷颗粒剂1.5~2.0 kg/亩拌细干土100 kg撒于播种沟中，然后播种。③小麦生长期，发现有大量金针虫为害时，可用20%毒死蜱微囊悬浮剂550~650 g/亩灌根、1.8%阿维菌素乳油3 000倍液喷根、5%氟啶脲乳油4 000倍液进行喷根防治。

65. 怎样防治小麦地老虎？

（1）农业防治。①秋后深翻灭卵，出苗前除草灭虫。②清除田间和地边杂草，可消灭部分虫卵和害虫。③成虫始发期，利用糖醋液和黑光灯诱杀成虫。

（2）药剂防治。①种子处理：50%氯虫苯甲酰胺种子处理悬浮剂（380~530 g/100 kg种子）拌种。10%毒死蜱颗粒剂（500~1 000 g/亩）拌土穴施（深度为15~20 cm）。②幼虫3龄前，幼苗开始出现受害症状时，可用30%辛硫磷乳油400~500 mL/亩，拌细沙土250~350 kg，每亩毒土15~20 kg，撒于幼苗基部。③幼虫4龄后，可选用毒饵诱杀方法。用90%晶体敌百虫1 kg/亩，兑水5~10 kg，和切碎的鲜草、蔬菜叶60~70 kg搅拌均匀，15~20 kg/亩毒草，晚上投放作物行间，可有效诱杀幼虫。④20%氰戊菊酯乳油3.6~5.0 mL/亩，均匀喷雾。

小麦地老虎

66. 小麦播种机播种时速度多少为宜？

小麦机播时播种机行走速度以 3~5 km/h 为宜。

小麦播种机播种

67. 什么是小麦飞防？

小麦飞防就是利用农用无人机进行农药喷洒，以达到对病虫草害的防治。

68. 利用无人机进行小麦飞防相比于传统农药喷洒有什么优势？

（1）无人机喷洒农药的效率很高，是人类工作效率的数十甚至数百倍，操作安全，可有效避免喷药工人发生农药中毒事件。

小麦飞防

（2）喷涂效果更好。无人机转子上的农药喷洒产生很大的向下旋转力，促使农药液滴从上到下穿透农作物。有利于农药液滴均匀分散在植物的各个部位，从而达到药物喷洒到位。

（3）降低成本。可以节省大量的农药成本和劳动力成本。农药喷洒无人机喷洒农药一般是租用的，根据用户种植面积的大小来收取，与人工成本相比要低得多。

69. 什么是小麦耙压一体精量匀播技术？

小麦耙压一体精量匀播技术就是利用小麦耙压一体精量匀播机在翻耕后直接播种，做到翻耕与播种的零衔接，一次性完成播前耙耢、播种和播后镇压。

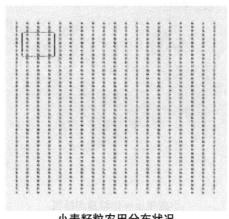

小麦籽粒农田分布状况

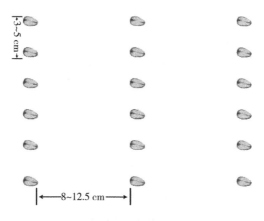

小麦籽粒局部特写

70. 小麦耙压一体精量匀播机相较于传统农机有什么优势?

（1）实现了小麦籽粒网格化均匀播种，提高农田生产效率。

（2）农机农艺结合，提高农田利用效率。

（3）充分利用光热资源。

（4）有效地避免了小麦播种环节的疙瘩苗及缺苗断垄等问题，后期田间通风透光好，病虫为害轻，小麦抗逆性提高，利于后期产量水平的发挥。

（5）机械化程度高，节本增产效果突出，减少劳动用工，实现了省种省工节水，显著提升了区域内的粮食生产比较效益。

小麦耙压一体精量匀播机

传统播种长势效果

小麦耙压一体精量匀播机播种长势效果

71. 小麦安全储藏水分为多少？

小麦安全储藏水分要保持在 13% 以下，以防水分含量过大而导致发热、霉变，使小麦的品质降低。

72. 小麦储存年限是几年？

小麦在常温下的储存年限一般为 3~5 年，在低温（15 ℃）下的储存年限一般为 5~8 年。存储前要对小麦进行晒种处理，以降低小麦的含水量；且一般以常温存储为宜；存储的过程中还要做好防虫蛀的工作。

粮食入仓

73. 小麦种子储存需要注意哪些问题？

（1）小麦种子储存期限的长短取决于种子的水分、温度和储存设备的防湿性能。所以小麦种子在储存的时候水分要控制在10%以下，种温不超过25 ℃。

（2）小麦种子耐热性比较强，可以利用这一特点把小麦种子晒热后趁热进仓，这样不仅可以达到杀虫的目的，还可以促进麦种加快通过休眠。

（3）小麦种子在储存期间要严密封闭，防止外界水汽进入仓库，除了密闭门窗，在种子堆上面还可以压盖蒇垫或者麻袋等物。

（4）小麦种子在储藏期间还要定期对种子温度、水分、发芽率，仓库的温度、湿度和虫霉鼠等情况进行检查，发现问题要及时处理。

74. 按照小麦的硬度可以将小麦分为几类？

按照不同的硬度分为硬小麦和软小麦。其中小麦之横断面呈玻璃质状者为硬小麦，呈粉状者为软小麦。小麦的硬度相差很大，以硬度为标准也可以分为特硬麦、硬麦、半硬麦和软麦4种。

75. 不同类型的小麦分别适合制作什么？

一般制作面包的属于硬麦面粉；制作馒头、面条的属于半硬麦面粉；制作饼干的属于软麦面粉。

小麦粉

76. 小麦粉生产中怎样清理籽粒?

（1）风选法。利用小麦和杂质的空气动力学特性差异进行清理。

（2）筛分法。利用小麦的粒度和杂质的差异进行清理。

（3）重力分选法。利用杂质与小麦的比重差异进行分选。

（4）研磨法。利用旋转的粗糙表面清理小麦表面的灰尘或刮去外壳。

77. 小麦的营养成分有哪些?

据研究表明 100 g 小麦的可食用部分营养成分含量如下，蛋白质一般为 11.9 g 左右，脂肪一般为 1.3 g 左右，碳水化合物一般为 64.4 g 左右，膳食纤维一般为 10.8 g 左右，胡萝卜素一般为 1.6 μg 左右，维生素 A 一般为 10 μg 左右，热量一般为 1 327 kJ 左右，钙元素一般为 34 mg 左右。

小麦富含淀粉、蛋白质、脂肪、矿物质、钙、铁、维生素 B_1、维生素 B_2、烟酸和维生素 A，由于品种和环境条件的不同，营养成分差异很大。

78. 怎样制作面包?

用料：面粉、奶粉、糖、盐、发酵粉、鸡蛋、奶油。

制作过程：将所有材料揉和成面团，在案板上用力揉 10 min 左右，盖上保鲜膜，发酵 1.5 h。再拿出面团把里面的气泡挤出，弄成一个小面团，在案板上涂抹橄榄油，用擀面杖铺平，滚成长条形。醒发 15 min，微热的烤箱底部放一碗开水，在烤盘盖上保鲜膜放进烤箱再次进行发酵，拿出烤盘，烤箱预热

小麦粉加工后的面包

1 min，把烤盘放进去进行烤制，温度在 165 ℃，大概 20 min，拿出烤盘，在上面刷一层蜂蜜或鸡蛋液，再放入烤箱烤 2 min 左右。

79. 小麦制粉有哪些工艺流程？

（1）清理。主要是清理小麦的中的秸秆、石头、破损麦等影响面粉出率的杂质。

（2）着水。小麦清理好后需要着水，使小麦的水分达到一定含量，可以提高麦皮的韧性，降低小麦胚乳的机械强度。

（3）润麦。着水的小麦在麦仓里要存放一定时间，一般在 8~24 h，根据小麦品种，温度而异。

（4）研磨筛理。分心磨系统和皮磨系统，磨粉机将小麦破碎成大麸皮→小麸皮→大胚乳→小胚乳→粗粉→细粉，然后不同的料又进入不同的磨粉机研磨，同时配合筛理和清粉。

（5）配粉。由于专用粉的需求，一种小麦磨制的面粉往往达不到客户的要求，通过不同小麦粉按照一定比例的混合，可以调整成品面粉的各种粉质特性，达到客户要求。

（6）面粉成品包装。

小麦粉生产设备

80. 什么是强筋小麦？

强筋小麦是籽粒硬质、蛋白质含量高、面筋强度强、面团稳定时间较长、延伸性好、适于生产面包粉以及搭配生产其他专用粉的小麦。

81. 强筋小麦适合加工成哪些食品？

优质强筋小麦主要用于加工制作面包、拉面和饺子等要求面粉筋力很强的食品。其中面包全部用优质强筋小麦，对小麦品质要求最高。

82. 小麦加工有什么副产品？

麦麸是小麦加工的主要副产品，也就是麦皮，一般呈片状或粉状，富含纤维素和维生素。

麦麸

83. 麦麸有什么食用价值？

麦麸含有丰富的膳食纤维，可以促进胃肠道蠕动，改善大便秘结的情况，

麦麸饼

还能预防结肠癌、直肠癌等疾病。麦麸还可以促进身体中脂肪和氮的排泄，使血清胆固醇含量下降，预防动脉粥样硬化的形成。麦麸含有大量的 B 族维生素，可以促进身体新陈代谢。可以通过煮粥、煎饼等方式食用。

84. 什么是黑小麦？

黑小麦是科研单位采用不同的育种手段而培育出来的特用型的优质小麦新品种，或称珍稀品种。已推广种植的品种有馆陶黑小麦、黑金 2 号、漯珍 1 号、黑小麦 1 号、黑小麦 76 号、黑宝石 1 号、黑宝石 2 号（春小麦）等品种。

黑小麦

85. 黑小麦相较于普通小麦有什么区别？

黑小麦的蛋白质及氨基酸、脂肪和不饱和脂肪酸、矿物质和微量元素、维生素、膳食纤维、黑小麦色素等均高于普通小麦，其中的黑小麦色素属于花色苷类化合物，属于黄酮类化合物，具有非常好的抗氧化和防病治病的作用，如清除体内自由基、抗炎抗肿瘤、预防糖尿病及保护视力等。另外，黑小麦色素作为安全无毒的天然色素，其理化性质也相对比较稳定，因此也成了非常难得的天然食用色素之一。

世界饮食权威人士曾断言："黑色食品将成为 21 世纪人类最喜爱的食品，21 世纪将是黑色食品的世纪"。黑小麦作为黑色家族的一颗新星，以其独特的营养特点成为人类食品的新宠。

第二章
大豆

第一节 大豆的发展及产业现状

1. 大豆的种植历史如何？

西周和春秋时期，大豆已经成为重要的粮食作物，被列为"五谷"之一。秦汉之后，大豆栽培有了很大发展，《氾胜之书》曾积极倡导种植大豆。宋代以后，南方人口增加，荆湖、岭南、福建等地大力推广大豆和粟、麦、黍等作物。清朝初期，东北地区的大豆种植已有相当规模。

5 000 年的种植史，全中国普遍种植，在东北、华北、陕、川及长江下游地区均有出产，以长江流域及西南栽培较多，以东北大豆质量最优。

在战国时期，大豆传入朝鲜，然后从朝鲜传入日本，18 世纪之后传入欧洲，1765 年引入美国进而走向南北美洲。

2. 我国大豆生产和消费情况如何？

大豆是我国饮食中重要的植物蛋白和油料来源，豆粕是生猪、牛羊饲料重要成分。20 世纪初期，我国的大豆开始进入国际市场，与茶、丝合称为我国出口的三大名产。随着国内生产需求加大和转基因技术兴起，阿根廷、巴西、美国的大豆开始涌入中国市场，我国大豆进口量逐步增大。尤其是最近几年，我国进口大豆数量一直居于高位。2016 年以来，每年进口大豆数量均超过8 000万 t；2020 年，突破 1 亿 t，目前我国是世界最大的大豆进口国。根据海关数据，2021 年进口大豆占全国总需求的 85.5%，进口依赖度为粮食作物中最高，成为可能影响我国粮食安全的关键农产品之一。

3. 我国大豆为何大量进口？

我国大量进口大豆的原因，从供给端和外贸政策来看，有两个原因。其一，伴随转基因技术的兴起，阿根廷、巴西、美国大力推广转基因大豆，单产大幅度提高，成本急剧下降，在国际贸易中占据了价格优势；其二，我国加入世界贸易组织之后，进口大豆的配额制度被废止，关税降至 0~3%，进口消除了壁垒。

从需求端来看，随着人民生活水平的提高和畜牧业的发展，我国需要大量大豆油和豆粕，而用来压榨产生大豆油和豆粕的大豆供不应求，国际市场的大豆价格又低，于是我国大豆加工企业大量购买进口大豆。

4. 大豆进口需求大有何影响？

我国大豆不仅进口量大，对国际市场依赖度高，而且主要依赖于局部地区，尤其是美洲。据海关总署统计，我国大豆主要进口国家是巴西、阿根廷和美国。随着近期地缘政治局势变数使进口来源单一的中国大豆市场面临危机。因此降低大豆进口依存度非常必要。

5. 大豆生产需要实现完全自给吗？

没有必要做到大豆完全自给。国际市场上大豆价格低，我国企业从国外进口部分低价格的农产品，也是节省耕地、节省水源、节省劳动力的替代方式。未来，在保证安全的基础上，协调利用国内、国际两个市场、两种资源，是更为稳妥的方式。

6. 我国大豆产业政策如何？

从 2016 年起，我国开始实行种植结构调整"减玉米、增大豆"。2019 年，针对我国大豆种植面积小、单产低、总产少、产不足需的现状，中央一号文件中提出"大豆振兴计划"。2020 年，大豆播种面积扩大到 1.48 亿亩，亩产增加到 132 kg。但由于比较效益低，农民种植意愿下降，到了 2021 年，大豆播种面积不升反降，只有 1.26 亿亩。

2021 年年底，"大力发展大豆油料"接连被强调。2021 年 12 月 21 日，农业农村部党组召开理论学习中心组（扩大）学习交流会，指出要大力发展大豆油料，选育优良品种，挖掘面积潜力；2021 年 12 月 25—26 日，中央农村工作会议强调，大力扩大大豆和油料生产；2021 年 12 月 27 日，全国农业农村厅局长会议明确强调，要攻坚克难扩种大豆油料，把扩大大豆油料生产作为明年必须完成的重大政治任务。

7. 大豆有哪几种颜色？

大豆的颜色即种皮色多达十几种，分为五大类，即黄、青、黑、褐、双色，每一类又细分为如下不同颜色。

黄大豆：黄、淡黄、白黄、浓黄、暗黄。

青大豆：淡绿、绿、暗绿。

黑大豆：黑、乌黑。

褐大豆：茶、淡褐、深褐、紫红。

双色大豆：虎斑、鞍挂。

可见，把大豆统称为黄豆是不全面的，黄大豆、青大豆、黑大豆、褐大豆、双色大豆都是大豆。

8. 为什么说大豆营养价值高？

大豆含有 40% 左右的蛋白质，20% 左右的脂肪和其他多种营养物质。大豆蛋白质含量是肉、蛋、鱼的 2 倍左右，且氨基酸组分合理，属于优质蛋白质，具有降胆固醇、抗肥胖、抑制动脉硬化、抑制血压上升、降低血糖等生理功能；大豆油不饱和脂肪含量高，抗氧化、抗衰老；防止血管硬化，预防心血管疾病，保护心脏；大豆中的卵磷脂还可阻止肝脏内积累过多脂肪，从而有效地防治因肥胖而引起的脂肪肝，大豆中含有的可溶性纤维，既可通便，又能降低胆固醇含量；大豆所含的皂苷有明显的降血脂作用；大豆异黄酮是一种结构与雌激素相似、具有雌激素活性的植物性雌激素，能够缓解女性更年期综合征，延迟衰老。

9. 毛豆与普通大豆有啥区别？

毛豆即菜用大豆，是指在豆荚鼓粒后期尚未转黄色前采收，以鲜豆作为蔬菜食用的专用大豆品种，其营养丰富、味道鲜美。毛豆一般具有以下特征：荚比较大，荚长大于 4.5 cm，宽大于 1.3 cm，百荚鲜重不小于 280 g，每 500 g 鲜荚个数不多于 175 个；粒大，干种子百粒重不小于 25 g，鲜百粒重不小于 60 g；荚和种子颜色为浅绿色，荚上茸毛少，多为灰色，脐色较浅；口感香甜，质地柔糯，具有较好的风味。毛豆的可溶性糖含量在 3.5% 以上，富含游离氨基酸和多种维生素。而普通大豆则是以收获干籽用的大豆的总称，一般荚果偏小，鲜豆粒偏硬，口感也不如专用毛豆品种香甜柔糯。

10. 大豆的主要种植品种有哪些？

（1）中黄 301。该品种 2017 年通过了国家审定和安徽、江苏、河南、山东等省的省级审定，夏播种植，全生育期 105 d，平均株高 80.7 cm，有效分枝 1.9 个，底荚高度 15.1 cm，具有抗倒性好，耐阴耐密植，成熟一致，落叶性好，适宜机收等特点，在黄淮海地区夏播种植，平均亩产 310 kg，最高亩产 333.9 kg，自 2016 年以来，连续 3 年平均亩产均超过了 300 kg，是一个稳产高产的大豆新品种。

（2）中黄 35。该品种 2006 年通过国家黄淮海地区审定，夏播种植，全生

中黄 35

长期为 102 d，平均株高 63.7~78 cm，底荚离地高度为 8.7 cm，有限结荚习性，具有株型收敛、茎秆粗壮、根系发达等优点，夏播种植，一般亩产 205.12 kg，最高亩产 416.89 kg，在新疆种植，自 2012 年以来，连续 3 年平均亩产都超过 400 kg，是一个抗倒抗病、稳产高产的大豆品种。

齐黄 34

（3）齐黄 34。该品种 2012 年通过国家黄淮海南北两大片区审定，在黄淮海地区夏播种植，全生育期 108 d，平均株高 68.6 cm，有效分枝 1.2 个，底荚高度 23.4 cm，有限结荚习性，具有适应性好，抗逆性强，适种范围广，耐阴耐密、耐旱耐涝、耐盐碱耐阴，抗灾能力强，稳产高产等特点。适合机械收获，在黄淮海地区夏播种植，一般亩产 298.2 kg，自 2014 年以来，5 年中有 4 年平均亩产都超过 300 kg，是目前适种范围最广的大豆新品种。

（4）郑 1307。该品种 2019 年通过国家黄淮海夏大豆区审定，夏播种植，全

郑 1307

生育期 104 d，平均株高 75.9 cm，有效分枝 1.6 个，底荚高度 17.1 cm，有限结荚习性，具有适应性好、茎秆粗壮、根系发达、抓地牢固、抗倒能力强、抗病性好、适合机械收获等优点。在黄淮海地区夏播种植，平均亩产 209 kg，2017年经测产验收，平均亩产 328.3 kg，2018 年经测产验收，平均亩产 334.73 kg，2020 年测产验收，平均亩产 284.69 kg，是一个稳产高产的大豆新品种。

中黄 13

（5）中黄 13。该品种 2001 年通过国家审定，夏播种植，全生育期 105 d，平均株高 60~70 cm，有效分枝 2~5 个，底荚高度 20 cm 左右，有限结荚习性，具有适应性好、抗病性强、抗旱耐涝、稳产高产等优点，自 2005 年以来已连续 9 年被农业农村部列入国家大豆主导品种。自 2007 年以来已连续 8 年稳居全国大豆种植面积首位。在黄淮海地区种植，一般亩产 167 kg，最高亩产 312.4 kg。中黄 13 是目前种植范围最广、种植面积最大的大豆品种之一。

第二节　大豆的生长发育规律

11. 大豆的生育期有几个部分？

大豆生育时期分为萌发期、幼苗期、花芽分化期、开花期、结荚鼓粒期、成熟期。

12. 大豆种子萌发和出苗期有什么特点？

大豆种子富含蛋白质、脂肪，在种子发芽时需吸收比本身重 1∶1.5 的水分，才能使蛋白质、脂肪分解成可溶性分供胚芽生长。胚根首先从胚珠珠孔伸出，当胚根伸长到与种子等长时称发芽。胚轴伸长，种皮脱落，子叶随下胚轴伸长露出土面，当子叶展开时称出苗。

13. 大豆幼苗期有什么特点？

大豆从出苗到花芽分化前为幼苗期。发芽时子叶带着幼芽露出地表，子叶出土后即展开，经阳光照射由黄转绿，开始光合作用。

胚芽继续生长，第一对单叶展开，这时幼苗具有两个节和一个节间。在生产中大豆第一个节间的长短，是一个重要的形态指标。植株过密，土壤湿度过大，往往第一节间过长，茎秆细，苗弱发育不良。如遇这种情况应及早间苗、破土散墒，防止幼苗徒长。

幼茎继续生长，第 1 片复叶出现，称为 3 叶期。3 叶期地上部分增长速度较慢，地下根系生长较快形成根瘤。此期末根系初步形成，开始需要较多的水分和养料。

14. 大豆花芽分化期有什么特点？

花芽分化期从花芽开始分化到始花为花芽分化期，也是分枝期。一般经 25~30 d。当复叶出现 4~5 片时，主茎下部开始发生分枝，同时分化花芽。大豆花芽的分化和现蕾是在短日照条件下进行的。花芽分化过程是：先出现半球状花芽原始体，接着在它的前面形成萼片，再形成筒；继而分化出龙骨瓣、翼瓣和旗瓣；环状的雄蕊原始体相继分化，在雄蕊中央雌蕊开始分化，并出现胚珠原始体；随后胚珠、花药原始体分化，花器官逐渐长大，最后陆续形成花蕾、花粉和胚囊，完成花芽分化。

15. 大豆结荚期有什么特点？

开花结荚期从始花到终花为开花期，从软而小的三荚出现到幼荚形成为结荚期，由于大豆开花与结荚是并进的，所以这两个时期通称为开花结荚期。大豆花很小，着生在叶腋或茎的顶端，每个花簇上着生的花数，因品种和栽培条件不同而异。大豆落花落荚率高，因此每个花芽结荚数较少。大豆开花以6：00—9：00为多，由现蕾至开花一般6~7 d。胚珠受精后，子房逐渐膨大，形成软而小的绿色幼荚，当荚长 1 cm 时，称为结荚。

16. 大豆鼓粒期有什么特点？

鼓粒期从豆荚内豆粒开始膨大起，直至最大的体积和重量时称鼓粒期。开花后 10 d 内，种子内的干物质积累增加缓慢，之后的 7 d 增加很快，大部分干物质是在这以后大约 21 d 内积累的。鼓粒期 30~40 d。

17. 大豆成熟期有什么特点？

成熟期叶片变黄脱落，豆粒脱水，呈现品种固有性状，这时种子含水已降至 15%以下，直到摇动植株时荚内有轻微响声，即为成熟期。

此时应当降低土壤水分，加速种子和植株变干，便于及时收获，同时防止肥水过多造成贪青晚熟，影响及时收获和倒茬。此期天气晴朗干燥可促进成熟，有利于提高品质。

18. 大豆各生育期如何进行管理？

（1）保证种子正常发育要满足两个条件。植株本身储藏物质丰富，根系不衰老，叶片的同化作用旺盛；要有充足的水分供应。条件适宜，播种后 4~6 d 即可出苗。田间半数以上子叶出土即为出苗期。

（2）幼苗期 20~25 d，占整个生育期的 1/5，这一时期是长根期。此时应注意蹲苗，加强田间管理，达到苗全、苗匀、苗壮。接着第 2 片复叶出现，当第 2 片复叶展平时，大豆已开始进入花芽分化期。

所以在大豆第 1 对单叶出现到第 2 片复叶展平这段时间里，必须抓紧时间及时间苗、定苗，促进苗全、苗壮、根系发达，防治病虫害，为大豆丰产打好基础。

（3）花芽分化期花芽开始分化，植株进入生殖生长和营养生长并进时期。这时必须加强水肥管理，同时注意协调营养生长与生殖生长，达到株壮、枝多、花芽多、花健的要求。

（4）开花结荚期豆荚的生长是先增长，再增宽，最后增厚。此时是大豆发育最旺盛的时期，是需要水分和养料最多的时期，同时需要充足的光照。在前期苗全、苗壮、分枝多的基础上，花期应加强水肥管理，并使通透良好，以达到花多、荚多、粒多和减少花荚脱落的要求。

（5）鼓粒期完成时的种子含水量约90%。鼓粒期是大豆种子形成的重要时期，此时大豆发育是否正常将决定每荚粒数的多少、粒重的高低和种子化学成分。此时干旱或多雨致涝能造成死荚、秕粒、粒重下降而严重影响产量。

第三节　常用大豆生产技术

优良大豆品种齐黄 34 籽粒饱满

🖉 19. 如何选择合适的大豆品种？

品种应通过当地审定或引种备案，严禁跨区引种。近年大豆田间根腐病、拟茎点种腐病等土传病害呈加重趋势，建议播前进行发芽率测定，根据种子发芽率确定亩播种量，并选用含有精甲霜灵·咯菌腈成分的种衣剂进行播前拌种，提高大豆保苗率。

🖉 20. 大豆留种需注意哪些方面？

大豆是自花授粉作物，可做自留种，但是也不能多年自留种，这会使品种老化、品种混杂、种性退化、抗逆性减退，导致减产。应定期更新，保证种子质量。大豆留种时要注意以下几点。

（1）不能把种子保存很多年。很多农民在大豆种植过程中经过多年，虽然是为了降低种植成本，但很多农民也会发现，产量不如一年。这是多年种子保存的结果。连续多年的自我保存会导致品种老化、品种混交、种子退化、抗逆性下降，最终导致产量下降。因此，自留种子必须定期更新，以保证种子的质量。一般在2~3年内需要重新购买种子，以保证稳定的产量。

（2）选择合适的地方品种。在购买品种时，许多农民喜欢大满贯品种。而一旦进入低温年会造成很大的损失，所以要根据当地气候和环境选择好的品种，就应该根据年积温引进，适合自己的才是最重要的。

（3）商品大豆的筛选与提纯复壮。商品大豆简单筛选后质量无法保证，不能作为种子使用。在要留种的地块上去杂去劣，如依据品种特性，将不同花色的植株去除，依据叶型、植株结荚和生长形态等不同及时去弱、病、杂株，选择纯度较高、健壮整齐植株留种。待成熟后将割起或连根拔起的种子植株风干，留株后熟，等过了农忙季节再脱粒。这种留株后熟的好处，有利于种子中营养物质的积累，是一种保护种子生活力的安全储藏方法，种子外面有荚壳保护，可缓冲种子的湿度变化。

（4）单打、单收、单放，避免品种混杂、退化。

21. 大豆引种应该注意些什么？

俗话说"千里麦，百里豆"，大豆品种适应地区范围较窄。从南往北引种时，品种会发生生育期延长，延迟成熟，植株增高等变化；从北往南引种生育期缩短，提早成熟，株、豆荚、粒都会变小。引种不当会造成重大损失，甚至绝收。因此，引种时应注意以下问题。

（1）明确引种目标，弄清本地需要什么样的大豆品种。

（2）引种通过国家或省级审定且适合在本地区种植的大豆品种。

（3）从气候相似的地区间相互引种。气候相似是指品种原产地和引入地的无霜期、光照、水分、温度等主要气候因素相似。

（4）经过2~3年的鉴定后再推广种植。

（5）掌握新品种的栽培要点。

22. 大豆重、迎茬为什么会减产？

大豆重茬是指第一季大豆收获后，下一季继续种大豆。迎茬是指第一季大豆收获后，第二季种植非豆科作物，第三季再种大豆，即隔季种植大豆。

大豆重、迎茬减产的主要原因有：①病虫草害加重，甚至出现新的有害生物；②大豆残茬腐解中间产物包括微生物代谢产物对大豆产生毒害和抑制作用；③养分偏好，如土壤磷含量下降。

23. 大豆重、迎茬障碍如何解决？

解决重、迎茬障碍的办法有：①大豆收获后要及时耕翻，使有害生物和有害物质减少；②用含有杀虫剂、杀菌剂和微量元素的种衣剂包衣；③施足基肥，促进大豆根系生长；④播种时适当加大密度；及时防控病虫害。

24. 哪些作物适宜作为大豆的前茬作物？

适宜种大豆的前茬作物有玉米、春小麦、高粱、谷子、马铃薯、亚麻等。不适宜种大豆的前茬作物有荞麦、甜菜、向日葵、油菜等，因为荞麦和甜菜吸肥量大，大豆产量较低；而向日葵为前作，大豆土传病害如菌核病较重。

25. 黄淮海地区麦后种豆怎样免耕播种？

黄淮海地区是麦豆一年两熟地区，小麦收获后由于时间紧、温度高，地面蒸发快，翻地播种费时、费工，容易跑墒，不利于大豆及时播种和出苗，生产上常用铁茬（板茬）播种和灭茬（除茬）两种免耕播种方式。免耕播种要掌握以下几点。

（1）选种。选用高产优质大豆品种。精选种子，做好发芽试验，保证种子发芽出苗率，确定适宜的播种量。一般每亩密度 1.5 万株左右，百粒重 20 g 左右发芽率正常的种子，每亩播量掌握在 5~6 kg。

（2）适期早播。麦收后抓紧抢种。一般 6 月上中旬为播种适期，宜早不宜晚，正常情况下不要超过 6 月 20 日。

（3）采用适宜的播种方式和方法。采用机械播种，精量匀播，开沟、施肥、播种、覆土一次完成，有利于提高播种质量，出苗整齐均匀一致。一般行距 40 cm 左右，或宽行 40~50 cm、窄行 20~25 cm 宽窄行播种。播种深度一般 3~5 cm，土壤墒情好浅一点，墒情差深一点。

（4）施肥。播种时施用大豆专用复合肥，一般每亩 20~25 kg，也可亩施磷酸二铵 15 kg、氯化钾 10 kg。种子与肥料分层，化肥深施，不可与种子混合。

（5）足墒播种。播种时土壤含水量在 20% 左右称为足墒。播种时如墒情不足，要浇水造墒，或在播种适期内等雨抢墒播种。

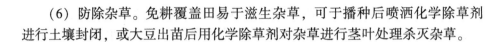

（6）防除杂草。免耕覆盖田易于滋生杂草，可于播种后喷洒化学除草剂进行土壤封闭，或大豆出苗后用化学除草剂对杂草进行茎叶处理杀灭杂草。

26. 大豆缺苗怎么办？

大豆播种后在豆瓣刚刚露头的时候，应该及时到田间察看出苗情况，如果出现缺苗断垄应首先弄清原因，然后根据不同情况及时补苗。

（1）墒情较好，但播种较浅，豆子尚未吸水膨胀，可以将豆子重新埋入湿土。

（2）播种深度合适但墒情较差，有水浇条件的地方可以喷灌一遍。由于喷灌后表层容易板结，3 d 后如果不下雨应该再喷一次，可以保证正常出苗。如果缺苗比例很小，可以人工浇水。

（3）由于播种机下籽不均匀造成缺苗时，如果墒情好，应该及时人工点播补籽。

（4）由于地老虎等地下害虫造成的缺苗，应该先用敌百虫拌麸皮治虫，同时及时补籽。

（5）如果墒情不好，豆苗又长到两片真叶以上，可以移苗。移苗应该选择在 16：00 以后。

27. 大豆什么时期怕缺水？

在大豆的一生中，苗期由于叶面积小，植株蒸腾量小，需水量也较少，一般比较耐旱；到花荚期需要大量的水分，但这时一般不缺水，因为黄淮海夏大豆区和东北春大豆区此时均进入雨季，雨水充沛，能充分满足大豆花荚期对水分的需要；大豆生长进入鼓粒期后同样需要大量水分，没有足够的水分易造成秕荚多、籽粒小，产量显著降低，这期间大豆生长最怕缺水，也最容易缺水。因为这一时期无论是黄淮海夏大豆区还是东北春大豆区的雨季已过，降水减少，经常出现秋旱，对大豆的鼓粒非常不利。所以在大豆鼓粒期如遇干旱要及时进行灌溉。

28. 大豆开花结荚期田间管理应注意什么？

（1）巧施花荚肥。东北地区土壤肥力较差的地块，大豆花荚期长势较弱时，每亩可追施尿素 3~5 kg、过磷酸钙 5~10 kg。必要时也可配合硫酸钾，每亩用量 5 kg 左右。追肥方法：多采用铲完最后一遍地时，将肥料均匀施于豆株一侧，追肥时注意不要碰到叶片上，也不要紧靠近根部，然后进行蹚地覆土。

（2）及时灌溉。当植株叶片早晨尚坚挺，近中午叶片有萎蔫表现时就应及时灌水，灌水应在傍晚进行。有条件的地方最好采用喷灌，每次灌水量为30~40 mm。

（3）摘心或喷洒生长调节剂。若出现徒长倒伏现象，可喷洒生长调节剂等进行调控。

（4）及时防治病虫害。大豆开花结荚期的病虫害较多，如大豆蚜虫、大豆灰斑病及大豆菟丝子等，应及时采取有效措施进行防治。

29. 大豆鼓粒成熟期如何管理？

（1）适时叶面喷肥。每亩用 0.3~0.5 kg 尿素、70~100 g 磷酸二氢钾兑水30 kg，叶面喷施。

（2）及时灌好鼓粒水。鼓粒成熟期正处降雨高峰之后，土壤水分往往不足，即农民所说的"秋吊"，有条件时可灌溉补水。

（3）拔除田间大草。在杂草种子未成熟前，人工拔除田间大草。

（4）防治荚粒虫害。如大豆食心虫和豆荚螟等。

30. 如何预防大豆倒伏？

倒伏对大豆产量有较大影响，倒伏越重，减产幅度越大，倒伏越早，减产越多。大豆倒伏的发生通常是由植株生长过于繁茂而引起的。一是根据种植品种特性和当地环境条件，确定合理的种植密度和种植方式，肥力好的地块密度不宜过大；二是合理施肥，氮、磷、钾比例协调，切忌氮肥过量；三是适时中耕，促进大豆根系发育，增强大豆抗倒能力；四是根据当地大豆长势、天气趋势等情况，适时施用植物生长调节剂。调节剂的作用主要是降低株高和节间长度，增加茎粗，因而增强大豆抗倒伏能力。

31. 大豆花而不实的原因是什么？

生产上往往会出现大豆有花无荚的现象称为"花而不实"。花而不实的原因可能有三：①"居住条件差"，病虫害较多。②"没有吃好"，缺硼。③"没有睡足"，缺夜间休息。

连年种植大豆的地块，地下害虫、根部病害发生严重，使大豆吸收肥料的能力变差，无法生长健壮，没有足够的营养供给花来形成荚。大豆正常的生长发育及籽粒产量的形成，需从环境中吸收多种元素，不可缺少、不可代替。其中，硼促进花、荚的形成和发育，缺硼的大豆植株花蕾不能发育正常，有的早期花蕾死亡，有的是花萼内的花瓣、雄蕊、雌蕊死亡，不能完成花粉发育和受精过程，造成花（荚）脱落。

大豆是短日照植物，要形成花、荚，必须"睡足觉"。南方的大豆到北方，白天比老家长，"睡不足"，不能正常开花结实；夏大豆春播，出苗后白天比较短，大豆会误认为秋天到了，抓紧时间开花，后来天越来越长，"睡不好觉"，花坐不住，造成花而不实。

32. 大豆荚而不实的原因是什么？

（1）选用品种不当。一般说来选用偏晚熟的品种，由于鼓粒时温度已较低，严重影响鼓粒速度，因此诱发荚而不实。

（2）土壤营养元素比例失调。硼是促进大豆荚形成生长的重要微量元素，缺硼可诱发大豆荚而不实；另外，氮肥过量，田间荫蔽，植株高、节间长，营养生长过旺，花荚稀少，形成空荚、半瘪荚，且成熟期推迟。在多雨、日照不足的年份尤为严重。

（3）田间管理不善。土壤板结、氮肥过量、草荒苗弱、密度过大，均会影响大豆植株的通风透光，从而减弱光合作用，导致荚而不实。

（4）不良气候条件。如大豆生长期雨水较多，或长期干旱、水分严重不足、高温或低温都会使大豆光合作用降低，呼吸作用增加，制造物质少，消耗物质多，造成大豆荚而不实。

（5）病虫为害。夏秋季大豆发生病毒病使叶片皱缩、幼荚也畸形不实，大豆食心虫为害造成虫眼空瘪荚。

33. 种大豆如何施肥？

（1）多施有机肥。用较多的有机肥作底肥，不仅有利于大豆生长发育，而且有利于根瘤菌的繁殖和根瘤的形成，增强固氮能力。

（2）巧施氮肥。大豆需氮素虽多，但由于其自身具有固氮能力，因此需要施用的氮肥并不多。大豆开花前或初花期追施氮素化肥，每亩追施尿素 3～5 kg，有良好的增产作用。追肥可于中耕前撒施，随后立即中耕。肥地可不追施。

（3）增施磷肥。大豆需磷较多，目前为止我国大部分地区农田土壤均表现一定程度缺磷。因此，应增施磷肥。磷肥宜作基肥或种肥早施，磷肥应与氮钾肥配合施用。

（4）酌施钾肥。可亩施氯化钾 8 kg 作底肥，追肥减半，应与氮磷肥配合施用。

（5）根外追肥。大豆叶片对养分有很强的吸收能力，叶面喷肥可延长叶片的功能期，且肥料利用率很高，对鼓粒结实作用明显，一般能增产 10% ~ 20%。每亩可用磷酸二铵 1 kg 或尿素 0.5~1 kg 或磷酸二氢钾 0.2~0.3 kg 加硼砂 100 g，兑水 50~60 kg 于晴天傍晚喷施，喷施部位以叶片背面为好。从结荚开始每隔 7~10 d 喷一次，连喷 2~3 次。结合根外喷肥，在肥液中加入适量的植物生长调节剂，增产效果会更好。

34. 大豆为什么需要及时收获？

及时收获，降低损耗。大豆叶片全部脱落，植株呈现原有品种色泽，籽粒含水量降为 16% ~ 18% 时可进行机械收获。含水量过大、过小时均易发生种子破碎。要避开露水，防止籽粒黏附泥土，导致"泥花脸"，影响外观品质。建议选用大豆专用收割机或配备大豆专用割台的收割机收获。使用稻麦收割机收获时注意调整拨禾轮转速，减轻对植株的击打力度，减少落荚、落粒。正确选择和调整脱粒滚筒的转速与间隙，降低大豆籽粒的破损率。

35. 什么时期收获对大豆产量和品质最有利？

大豆收获应该在黄熟期后至完熟期之间进行。过早过晚收获都会降低大豆的产量和品质。而且适时收获应根据气候条件灵活掌握，如果大豆成熟期遇到气候干旱可适当早收，在黄熟期即可收获；如果大豆成熟期遇到雨水多、空气湿度大的年份应该适当晚收。人工收割在大豆植株叶片还有 10% 未脱落时进行，并且应选择晴天早上收割；机械收割，应在植株叶片全部落净、豆粒归圆时进行。

36. 大豆机械收获应注意什么？

合理调整收获机械，减少损失。包括：①减少漏割，尽量采用大豆收获专用割台，控制割茬在 4~6 cm 内。如果出现集堆现象，可调整割台的底部拖板。②减少抛枝、掉枝损失，合理调整拨禾轮转速或在喂入量允许的情况下提高车速。③减少炸荚损失，保证割刀锋利，割刀间隙符合要求，减轻拨禾轮对大豆植株的打击和刮碰。④控制未脱净损失，合理控制脱粒滚筒的转速、脱粒间隙，收获机前进速度一般设为 II 挡，用无级变速控制喂入量。⑤控制夹带损失，风扇的风量尽量调大，同时将颖壳筛的开度调到最大，尾筛角度调高。

37. 大豆脱粒后如何进行干燥处理和储藏？

为了保证长期安全储存，大豆的含水率通常要降到 13% 以下才能入库储藏。用塔式干燥机干燥时，豆粒的受热温度不超过 30~35 ℃，干燥介质温度为 60~80 ℃，处理时间为 40~45 min；采用双级干燥时，第一级干燥介质温度为 90 ℃，豆温为 25 ℃，第二级的干燥介质为 80 ℃，豆温 35 ℃。大豆一次干燥降水不低于 3%~6%，降水速率约为 3%/h。

38. 大豆脱粒后如何储藏？

（1）干燥储藏。一是用日光暴晒；二是用设备烘干。水分降低到 13% 以下入库收藏。

（2）通风储藏。大豆在储藏过程中，要保持良好的通风条件，使干燥的低温空气不断地穿过大豆籽粒间，可以降低温度，减少水分，防止局部发热、霉变。

（3）低温储藏。低温储藏主要是通过隔热和降温两种手段来实现的，除冬季可利用自然通风降温以外，一般需要在仓房内设置隔墙、隔热材料隔热，并附设制冷设备，此法一般费用较高。

（4）密闭储藏。包括全仓密闭和单包装密闭两种，全仓密闭储藏时对建筑要求高，费用多，单包装密闭储藏可用塑料薄膜包装，此法用于小规模效果好，但也要注意水分含量不宜高，否则也会发生变质。

（5）化学储藏。在大豆储藏以前或储藏过程中，在大豆中均匀地加入某种能够钝化酶、杀死害虫的药品，从而达到安全储藏的目的。化学储藏法一般成本较高，而且要注意杀虫剂的防污染问题。

39. 大豆播种期如何管理？

（1）适墒抢播，提匀促壮。苗齐苗全苗匀苗壮是大豆高产的关键。建议雨前抢播或雨后趁墒播种，墒情不足时可造墒播种或播后喷灌补墒。一般地块亩保苗 1.2 万~1.6 万株，耐密品种或者晚播可适当增加密度。建议使用免耕覆秸精量播种机，一次性完成精量播种、侧深施肥、秸秆覆盖等作业；也可小麦低茬收割、秸秆粉碎抛撒，趁墒免耕播种。

（2）优化施肥，稳磷补钾。以限氮、稳磷、补钾为施肥原则，播种时亩施 45% 的复合肥或磷酸二铵 10~15 kg。土壤肥力不足地块，花荚期施尿素+磷酸二氢钾，可增加单株有效荚数、单株粒数和百粒重。

40. 大豆如何进行绿色防治？

播种后及时进行封闭除草，也可在大豆2~3片复叶期进行苗后除草。

41. 大豆虫害如何进行防治？

选用含有吡虫啉、噻虫嗪以及杀菌剂的种衣剂包衣防治主要病害、苗期刺吸式昆虫为害。注意防治点蜂缘蝽、灰飞虱、红蜘蛛、蚜虫等虫害，重点防治点蜂缘蝽，预防"症青"现象发生。提倡统防统治，早晨或傍晚点蜂缘蝽活动较迟钝，防治效果良好。药剂施用避免重喷、漏喷，降低药害发生，提高防除效果。

42. 大豆各个时期水量如何控制？

前控后促，防旱排涝。黄淮海地区近年降水普遍增多，涝害发生频繁，南部地区尤为严重。在易涝地区，应注意疏通沟渠，播种时开好"三沟"。大豆苗期适当控水，促进大豆根系下扎；花荚期如遇干旱天气，建议灌溉补水，促进大豆结荚和鼓粒。对旺长田块，在分枝期或初花期喷施生长调节剂，控制节间伸长，防止倒伏。

43. 如何防治大豆根腐病？

播种前5~7 d，用比例为1∶1的50%福美双WP和50%多菌灵WP混剂，按种子量的0.5%拌种。也可用种子重量0.15%的2.5%咯菌腈FS拌种，阴干后待播；田间发病初期，用25%甲霜灵WP、50%烯酰吗啉WP或72%霜脲锰锌WP 800~1 000倍液喷雾，7 d喷1次，连喷2~3次，喷雾时可加入叶面肥及植物生长调节剂，以增强植株的抗病性，促进病株新根的生成，增强植株的再生能力。

44. 如何防治大豆孢囊线虫病？

大豆孢囊线虫采用种子包衣和播前毒土处理，可减轻和推迟病害的侵染为害，亦可兼防跳甲、大豆蚜虫等早期害虫。30%毒·多·福FS药剂和种子按1∶（50~70）比例进行种子包衣处理；5%的甲基异柳磷GR 120 kg/hm²用细土拌匀后，起垄前撒入旧垄沟内。必须用器械施入，保持双手不粘药剂。

45. 如何防治大豆菌核病？

在大豆 2~3 片复叶期，每公顷用增产菌浓缩液 50 mL 加米醋 1.5 L，加 50%多菌灵 WP 1 500 g 混合喷雾，2~3 周后再喷洒 1 次。发病初期，用 50%速克灵 WP 或 40%核菌净 WP 1 000 倍液或 50%甲基硫菌灵 WP 500 倍液喷雾。

46. 如何防治大豆灰斑病？

从 7 月下旬至 8 月初大豆初荚期，每公顷用磷酸二氢钾 2 250~3 000 g 加米醋 1.5 L 加 40%多菌灵 SC 1 500 mL 混合喷雾。每公顷喷雾量：人工喷雾器 300 L，机动喷雾器 200 L；发病初期公顷用 70%甲基硫菌灵 WP 或 40%多菌灵 SC 1 500 g，5%已唑醇 SC 300 g 兑水 450 kg 喷雾，7~10 d 喷 1 次，共喷 2~3 次。

47. 如何防治大豆霜霉病？

大豆霜霉病发病初期，用 75%百菌清 WP 或 72%霜脲锰锌 WP 1 000 倍液、65%代森锌 WP 或 50%退菌特 WP 500~800 倍液喷雾，也可以每亩用 25%瑞毒霉 WP 100~125 g 兑水喷雾防治，7~10 d 喷 1 次，连喷 2~3 次。

48. 大豆玉米带状复合种植优势在哪？

大豆玉米带状复合种植，是在传统间作基础上创新发展而来的绿色高效种植模式。该模式充分发挥高位作物玉米的边行优势，扩大低位作物大豆的受光空间，大豆带和玉米带年际间地内可实行轮作，适合机播、机管、机收等机械化作业，同一地块大豆玉米和谐共生、一季双收，实现稳玉米、增大豆的生产目标。为在山东省大面积推行大豆玉米带状复合种植模式，切实提高关键技术到位率，充分发挥该技术增产增效优势。

49. 大豆玉米带状复合种植如何选择大豆品种？

选配适宜的作物品种是该技术核心内容之一。大豆要选用耐阴抗倒、株型收敛、宜机收的有限结荚类型的中早熟高产品种。玉米要选用株型紧凑、抗倒抗病、中矮秆适宜密植和机械化收获的高产品种。

50. 大豆玉米带状复合种植如何选择适合模式？

大豆玉米带状复合种植的核心是扩间增光、缩株保密，可选用 4：2、4：

3、6∶3等模式。由于复合种植技术是第一年在山东省大面积推广，配套作业机械相对不足，应结合当地生产实际和现有农机条件，科学选择适宜种植模式。

（1）4∶2模式。实行4行大豆带与2行玉米带复合种植。带宽290 cm，其中，大豆行距40 cm、株距10 cm，亩播种9 200粒以上；玉米行距40 cm、株距10 cm，亩播种4 600粒以上。大豆带与玉米带间距65 cm。

（2）4∶3模式。实行4行大豆带与3行玉米带复合种植。带宽350 cm，其中，大豆行距40 cm、株距10 cm，亩播种7 600粒以上；玉米行距50 cm、边行株距12 cm、中间行株距15 cm，亩播种4 400粒以上。大豆带与玉米带间距65 cm。

（3）6∶3模式。实行6行大豆带与3行玉米带复合种植。带宽455 cm，其中，大豆行距45 cm、株距10 cm，亩播种8 800粒以上；玉米行距50 cm、边行株距12 cm、中间行株距15 cm，亩播种3 400粒以上。大豆带与玉米带间距65 cm。

51. 大豆玉米带状复合种植如何提高播种质量？

播种质量是大豆玉米带状复合种植能否实现增产增效的基础。各地在播种前要充分做好农机、种子、化肥、农药等物资准备，播种要严格按照所选模式的技术要求规范播种，切实提高播种质量。

（1）农机选择。4∶2模式可用专用农机实施种肥同播，4∶3模式、6∶3模式可利用现有大豆和玉米播种机械，按照所选择模式的带宽、行距、株距等技术要求分别进行播种作业，努力提高播种质量。

（2）种子处理。防治地下害虫和苗期病害最有效的方法是进行大豆、玉米种子包衣。每100 kg大豆种用62.5 g/L咯菌腈·精甲霜灵悬浮种衣剂300~400 mL进行种子包衣；每100 kg玉米种用29%噻虫·咯·霜灵悬浮种衣剂470~560 mL进行种子包衣。

（3）适期播种。大豆玉米带状复合种植适宜播期为6月10—25日，小麦收获后若墒情适宜，应立即抢墒播种。采取单粒精播，播深3~5 cm。播种前，可先进行灭茬，再旋耕1次，或选用带灭茬功能的播种机进行大豆、玉米灭茬播种。若墒情较差，要先造墒再播种。有条件的地方可在大豆、玉米播种后进行滴灌、喷灌，促早出苗、出全苗、成壮苗。

（4）种肥同播。不同模式下大豆、玉米的施肥量存在差异。大豆一般施用专用肥（N∶P∶K=12∶18∶15）10~20 kg/亩，对前茬小麦单产达到600 kg/亩以上的地块，大豆可以不施肥，仅在鼓粒期叶面喷施磷酸二氢钾。玉米一般施

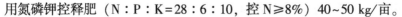

用氮磷钾控释肥（N∶P∶K=28∶6∶10，控 N≥8%）40~50 kg/亩。

（5）规范播种。机械播种时要匀速直线前进，建议机械式排种器行进速度不高于 5 km/h，气力式排种器不高于 8 km/h。当种子和肥料剩余不足时应及时添加。注意地头转弯时要将播种机提升，防止开沟器扭曲变形；播种时严禁拖拉机急转弯或不提升开沟器倒退，避免损坏播种机。

52. 大豆玉米带状复合种植怎样进行田间管理？

播种后，要及时开展田间管理，科学防治病虫草害，合理进行化控，努力提高大豆、玉米单产水平。

（1）化学除草。化学除草最好在播后苗前进行，每亩可用 960 g/L 精异丙甲草胺乳油 50~85 mL，或 330 g/L 二甲戊灵乳油 150 mL，兑水 30~45 kg，表土喷雾封闭除草。苗前除草效果不好的地块，根据当地草情，在大豆、玉米苗后早期，即大豆 2~3 片复叶期、玉米 3~5 叶期，选择大豆、玉米专用除草剂实施茎叶定向除草。大豆每亩用 15% 精喹·氟磺胺微乳剂（精喹禾灵 5%+氟磺胺草醚 10%）100~120 g，兑水 30~45 kg；玉米每亩用 27% 烟·硝·莠可分散油悬浮剂（烟嘧磺隆 2%+硝磺草酮 5%+莠去津 20%）150~200 g，兑水 30~45 kg。苗后除草要在喷雾装置上加装物理隔帘，将大豆、玉米隔开施药，严防药害。施药要在早晚气温较低、没有露水、无风的天气条件下进行，药剂喷施要均匀，提高防效。后期对于难防杂草可人工拔除。在选择茎叶处理除草剂时，要注意选用对临近作物和下茬作物安全性高的除草剂品种。

（2）病虫害防治。大豆玉米带状复合种植与单作玉米、单作大豆相比，各主要病害的发生率均降低。要坚持"预防为主、综合防治"的方针进行统防统治。一是防治点蜂缘蝽。在大豆初荚期，每亩用 25% 噻虫嗪水分散粒剂 5 g+5% 高效氯氟氰菊酯 15 g，或 22% 噻虫·高氯氟微囊悬浮剂（噻虫嗪 12.6%+高效氯氟氰菊酯 9.4%）4~6 g，7~10 d 喷雾防治 1 次，视虫情防治 1~2 次。早晨或傍晚害虫活动较迟钝，防治效果好。二是防治甜菜夜蛾、斜纹夜蛾、豆荚螟、食心虫、棉铃虫、玉米螟、桃蛀螟、黏虫。发生初期，用甲氨基阿维菌素苯甲酸盐+茚虫威，或甲氨基阿维菌素苯甲酸盐与虱螨脲、虫螨腈、氟铃脲、虫酰肼等复配杀虫剂，配合高效氯氰菊酯、有机硅助剂等开展防治。三是防治玉米锈病。在发病前或初期，用 15% 三唑酮可湿性粉剂 500 倍液、25% 吡唑醚菌酯可湿性粉剂 800 倍液，25% 嘧菌酯悬浮剂 800 倍液，10 d 喷 1 次，连续防治 2~3 次。

（3）适期化控调节。大豆玉米带状复合种植模式下，玉米边际效应增强，但单位面积群体较大，存在倒伏减产和影响大豆生长的风险。若大豆长势过旺，每亩用 10% 多效唑·甲哌鎓可湿性粉剂（多效唑 2.5% + 甲哌鎓 7.5%）65~80 g 在大豆盛花期兑水喷雾；玉米可在大喇叭口期用 250 g/L 甲哌鎓水剂 300~500 倍液全株均匀喷雾，适度控制株高，增强抗倒能力，改善群体结构。控旺调节剂不得重喷、漏喷和随意加大药量，过了适宜施药期也不得喷施。如喷后 6 h 内遇雨，可在雨后酌情减量重喷。大豆结荚鼓粒期应避免喷施植物生长调节剂。

53. 大豆玉米带状复合种植如何防灾减灾？

大豆、玉米生长期是干旱、洪涝、风雹等极端天气高发期，应加强灾害天气监测预警，科学应对气象灾害，最大限度地减少灾害损失。

（1）干旱。大豆苗期适当干旱有利于根系下扎，可起到蹲苗效果，但如果叶片失水较重则应及时浇水。7 月底至 8 月初，如遇旱应及时灌溉，防止大豆落花不结荚、玉米卡脖旱。

（2）大风。大豆、玉米生长后期，遇到大风天气出现倒伏时，可喷施叶面肥，防治病虫害，延长叶片功能期，提高粒重。

（3）渍涝。大豆、玉米生长期间降水较多，要提前疏通沟渠提高排涝能力，如遇强降水形成田间渍涝，应及时排水。受涝地块容易造成土壤养分流失，排涝后应及时在大豆带和玉米带之间追复合肥（N∶P∶K = 15∶15∶15）10 kg，或适当喷施叶面肥，减少对产量的影响。

54. 大豆玉米带状复合种植如何安排合理机械收获？

根据大豆、玉米成熟顺序和种植模式，合理调配机械，适期收获。

（1）先收玉米后收大豆。玉米在完熟期收获。4∶2 模式应选择整机宽度小于等于 1.6 m 的 2 行自走式玉米联合收获机，4∶3 模式、6∶3 模式应选择整机宽度小于 2.1 m 的 3 行自走式玉米联合收获机。

（2）先收大豆后收玉米。大豆叶片全部落净，摇动有响声时收获。4∶2 模式、4∶3 模式应选择割台宽度大于 1.4 m 的自走式大豆联合收获机，6∶3 模式选择割台宽度大于 2.45 m 的自走式大豆联合收获机。

（3）大豆玉米同时收获。大豆、玉米同时成熟，可用现有大豆和玉米联合收获机前后同时分别收获。

第三章
甘薯

第一节　甘薯的一般常识

1. 甘薯的别名有哪些？

甘薯 16 世纪末传入我国，植物学分类为旋花科甘薯属，一年生或多年生蔓生草本植物。性喜温，不耐寒。甘薯别名较多，种植地区不同，名称也不同，据考证甘薯的名称有 26 种之多。北京称为白薯，河北、河南称为红薯，山东称为地瓜，江苏称为山芋、白芋，四川、重庆称为红苕，福建、广东、浙江等省称为番薯。其他还有黄薯、金薯、甜薯、番芋、黄苕、红山药等名称。甘薯之所以形成众多的名称有的与其皮色肉色有关，如白薯、白芋、红薯、黄薯；有的与其生长习性有关，如地瓜、山芋；有的则与甘薯为引进作物有关，如番薯。

2. 我国甘薯种植分布的特点如何？

我国是世界上最大的甘薯生产国，常年甘薯种植面积为 7 500 万~8 000 万亩，约占我国耕地总面积的 4.2%，近年来我国甘薯产业一直以占世界 60% 左右的种植面积，收获占世界总产 80% 左右的产量。

甘薯在中国分布很广，以淮海平原、长江流域和东南沿海各省最多，种植面积较大的省（市）有四川、河南、山东、重庆、广东、安徽等。

根据我国气候条件和耕作制度等条件的差异，全国甘薯生产分为 5 个生态区，即北方春薯区、北方夏薯区、长江流域夏薯区、南方夏秋薯区、南方秋冬薯区。经多年实践，考虑到气候条件、甘薯生态型、行政区划、栽培面积、种植习惯等，现在一般将甘薯种植区划为三大区，即北方春夏薯区、长江中下游流域夏薯区和南方薯区。

3. 甘薯有哪些形态特征？

甘薯为块根作物，根可分为须根、柴根和块根 3 种形态。块根是储藏养分的器官，也是供食用的部分。其形状、大小、皮肉颜色等因品种、土壤和栽培条件不同而有差异，分为纺锤形、圆筒形、球形和块形等，皮色有白、黄、红、紫等，肉色可分为白、黄、橘红、紫色或带有紫晕等。块根是育苗繁殖的重要器官，甘薯种一般指甘薯块根。

甘薯茎匍匐蔓生或半直立，长 1~7 m，生产上推广的品种茎蔓长多为

1.5~2.5 m，茎色呈绿、绿紫或紫、褐等。茎节能生芽，长出分枝和发根，再生力强，可剪蔓栽插繁殖。

叶片有心脏形、肾形、三角形和掌状形，全缘或具有深浅不同的缺刻，同一植株上的叶片形状也常不相同；绿色至紫绿色，叶脉绿色或带紫色，顶叶有绿、褐、紫等色。

生产上推广的甘薯品种在正常栽培条件下一般不开花。

4. 甘薯开花吗？

甘薯具有开花的本能特性，但在北纬 23°以北一般不能正常开花。

甘薯开花性状的表现因品种不同而表现有差异，生产上使用的品种多数不开花；也有一些品种可自然开花，如高自 1 号、河北 351、农大红、徐州 12-21 等，这些品种即使在北纬 23°以北也可正常开花。

一些北方品种引至南方后在南方短日照条件下可能出现开花现象；嫁接处理、病害发生、严重干旱等条件影响，也可能出现开花现象；喷洒某些激素或生长调节剂，如 2，4-D 等也可能出现开花现象。

生产上遇有开花现象，应分析其原因是属于品种特性，还是栽培措施不当、病害引起的，以便采取相应措施。

5. 甘薯有哪些用途？

甘薯用途广泛，全身都是宝。其单位面积单位生长时间内的能量产量较高，可作为新型能源作物，提高甘薯生物能产量，高淀粉品种已被选为燃料乙醇生产的理想原料。甘薯还是理想的淀粉原料作物，其淀粉衍生产品可达到数十种。作为鲜食保健作物可大幅度增加农民种植效益，提高人民的保健水平。地上部茎叶既可作为蔬菜用，又可作为青贮饲料。紫心、红心甘薯可作为花青素、胡萝卜素的提取原料，也可生产甘薯全粉。鲜甘薯可直接生产休闲方便食品。有些特殊品种还可作为药用作物种植。

6. 为什么说甘薯最有营养和保健价值？

据健康时报（2005 年 1 月 13 日）报道，世界卫生组织公布的最佳食品榜最佳蔬菜为甘薯既含丰富维生素，又是抗癌能手，为所有蔬菜之首。其次是芦笋、卷心菜等。美国公共利益科学中心的营养学家通过对数十种常见蔬菜研究发现，甘薯含有丰富的食用纤维、糖、维生素、矿物质等人体必需的重要营养成分，根据营养指数排名甘薯在所分析的蔬菜等食物中名列第一，营养指数分别为烤甘薯 184、菠菜 76、甘蓝 55、胡萝卜 30 等。据日本国立癌症预防科学研究所（1996）报道的食物抑制癌症有效率的排列次序，甘薯为 98.7%列为首位。甘薯叶是一种新型蔬菜，具有显著的食疗保健功能，是很有开发前途的保健菜。美国将它列为"航天食品"，日本和中国台湾地区尊它为"长寿食品"，中国香港地区则称它为"蔬菜皇后"。

甘薯还具有非常高的药用价值。《本草纲目》《本草纲目拾遗》《金书传习录》均有记载。

7. 彩色甘薯是怎么回事？

甘薯育种家根据市场需求从大量的品种中筛选出营养丰富、外观美、皮色多姿多彩、肉色艳丽多样、食味佳的品种；生产者分地种植，销售者为博得消费者的喜爱则冠以"彩色甘薯""五彩甘薯""七彩甘薯"名称搭配销售，可显著提高商品价值和种植效益。彩色甘薯不仅使人们享受口福，还可大饱眼福。个别销售商也有将带有紫晕或肉色深浅不一的品种称为彩色甘薯的，但目前还没有很理想的品种。

"五彩甘薯"营养丰富，白色薯肉甘薯多富含淀粉，橘红色薯肉甘薯胡萝卜素含量较高，紫色薯肉甘薯则含有抗氧化能力特强的花青素，黄色薯肉甘薯一般则含有丰富的维生素 C。

8. 空中甘薯是怎么回事？

空中甘薯是指在特定的栽培条件下，将甘薯藤蔓搭架悬空，而后将秧蔓压置于盆钵中，诱导使其产生膨大的块根，待甘薯膨大后去除盆钵，即形成空中甘薯的景象。

空中甘薯是对都市观光型设施园艺的栽培模式和配套技术的创新，现已推广到上海、山东、北京、河北等省（市）的农业科技园区和农业博物园，据中国农业科学院设施农业研究中心报道空中甘薯的优点是可以节约土地，无污染，提高产量，可以周年生长、连续多次收获，减轻劳动强度，控制品质，生产功能红薯等。但是空中甘薯栽培技术严格，设施条件要求高，投资成本也较大，作为廊亭绿化、观光观赏、科普教育以及甘薯栽培生理机制的探讨等方面极具价值，直接应用于甘薯生产还有相当一段距离。

9. 生产上可以利用甘薯实生种子吗？

甘薯通过诱导开花，杂交授粉后结实，称为实生种子，一般主要用于新品种选育，有的科学家认为可作为遗传资源保存。

20 世纪 70 年代初期我国就曾在甘薯生产上开展过规模较大的甘薯实生种子生产利用的实验，有人曾提出在生产上直接应用甘薯实生种子，利用杂种优势，大幅度提高甘薯产量，但由于甘薯品种本身为杂合体，其杂交后产生的实生种子不可能像杂交水稻、杂交玉米等作物一样产生强大的杂交优势。

甘薯实生种子实际上是杂合体之间的杂交，种植后在株型、叶形、皮色、肉色、产量以及抗病性等方面产生广泛的变异，相同父母本的杂交种子也表现千差万别，大部分产量和品质低于其亲本，仅可供育种选择使用，另外甘薯实生种子的成本很大，数量有限，因此生产上不宜提倡应用。

10. 甘薯品种出干率主要受哪些因素影响?

甘薯品种出干率是指甘薯品种块根的干物质含量，是甘薯品种最重要的经济性状之一，主要受土壤、气候条件、品种和施肥技术等因素的影响。据江苏徐淮地区徐州农业科学研究所（江苏徐州甘薯研究中心）测定，在正常施肥条件下徐薯 18 沙壤土田块干物率为 27%左右，山区丘陵可达到 38%，年度间因不同气候条件的影响也可相差 4~5 个百分点；不同品种在相同条件下干物率可相差 1 倍以上。多点取样统一分析结果表明，不同地点同一品种干物率最大相差值为 13.48 个百分点，不同地点的所有品种平均干率最大相差值为 7.93 个百分点。所以说品种干物率的高低判定必须与对照品种相比，高于徐薯 18 品种 2 个百分点以上的品种才能说是高干物率品种。

第二节　甘薯育苗

11. 甘薯萌芽对环境条件有什么要求?

甘薯块根中有很多不定芽的生长点，这些不定芽也称潜伏芽，它是在块根形成过程中就形成了，苗床里环境条件好长成幼芽就多，否则就少。在薯块萌芽过程中温度、水分、光照、养分、空气等都是影响萌芽的重要条件。

（1）温度。苗床温度在 20~35 ℃，温度越高，萌芽越快越多，提高苗床温度可解除薯块的休眠状态，促进幼芽萌发。发芽最适宜的温度是 29~32 ℃。超过 35 ℃对幼苗生长有抑制作用。薯苗生长的适宜温度 25~28 ℃。

（2）水分。水分的多少直接影响出苗的多少和壮弱。相对湿度 80%~90%较适宜，出苗后水分过少，根系不伸展，幼苗叶小、苗老生长慢；湿度大，会

造成薯苗徒长，细弱。水分过多，还易造成薯块腐烂。

（3）光照。在出苗前，光的作用不太明显，只是光照的强弱影响床温的高低，幼苗生长时，如光照不足，薯苗黄嫩细弱。高温下过强的光照使床温猛升而烧苗。

（4）养分。薯块萌芽前所需的养分主要由薯块本身供给。苗生长氮素不够时，薯苗矮小叶片小而少，叶色发黄。氮肥过多，光照不足容易形成弱苗。

（5）空气。薯苗的健壮生长和呼吸密切相关。在育苗时，苗床的环境是高温高湿，这时薯块萌芽呼吸加强，幼苗生命活力旺盛，呼吸强度随之急剧上升，应注意适当通风换气。通气好，出苗多生长壮。氧气不足，容易发生烂芽等事故。

12. 如何做好甘薯育苗的准备？

落实好育苗面积：首先要根据实际栽种春、夏薯的面积来确定用种量和苗床的面积。每亩用种量因育苗时间、育苗方法、品种的萌芽性不同而不同，一般春薯每亩用种量 60 kg 左右，夏薯 30 kg 左右；以塑料薄膜覆盖育苗为例：一亩春薯预留苗床地 10 m² 左右，夏薯减半，火炕育苗减半；一亩采苗圃苗供10 亩夏薯用苗。

选好育苗地：苗床应选择背风向阳、人畜不易损坏、地势较高、排水较好、用水管理方便的地方。苗床土要求没有盐碱、土质肥沃、2 年以上没种过甘薯，床土的质量会影响薯苗的生长，老土易感染病害。固定苗床应事先更换床土或进行土壤消毒。

其他物质准备：肥料、酿热物、燃料、塑料薄膜、草苫等，也要提前备足备齐。

13. 不同薯区甘薯育苗的特点是什么？

南方秋冬薯区：该薯区冬季温度高，甘薯越冬较容易，生产上多采用以苗繁苗，就是在秋天直接田间剪取茎尖栽插采苗圃繁殖薯苗，此方法方便简单，但易传染病害。也可采用栽插秋薯留种，夏季露地排种薯进行育苗。

长江中下游夏薯区：该薯区以往也有用茎尖繁苗的习惯，为防治病虫害，现也多以薯块排种育苗。多采用塑料薄膜覆盖育苗方式。

北方春夏薯区：栽插春薯的地区，育苗应在 2 月底至 3 月初，此时气候较低，多采用火炕、电热温床和酿热温床育苗。夏薯用苗，多用酿热温床和冷床双膜育苗的方式，如栽插期较晚、种薯宽裕，也可采取露地育苗的方式。

14. 采用薄膜覆盖育苗有哪些优点？

塑料薄膜在甘薯育苗上的应用，与其他农作物一样是农业技术上的一项改革。除露地育苗外，无论哪种育苗方式，为充分利用光能、增加温度，床顶一般都覆盖塑料薄膜。薄膜覆盖育苗兼有火炕与露地育苗的优点，能充分利用光能，提高苗床温度、利于培育壮苗、并能节省燃料。保持土壤水分，增加空间湿度。覆膜能加速土壤有机质的分解，保持床土潮湿不板结，增加透气性。覆膜后有利于薯块幼芽萌发和薯苗的生长，与不覆膜相比出苗可提早 10 d 以上，出苗量多 30% 左右。

15. 采取冷床双膜覆盖育苗应注意哪些问题？

地膜覆盖要注意的问题是：在幼芽刚要出土时，要及时抽取地膜，因幼芽很嫩抽膜不及时很易灼烧幼芽。

促苗和炼苗相结合：中期长苗阶段要求床温维持在 25~26 ℃，使薯苗健壮生长。后期要低温炼苗，炼苗前 3~5 d 要逐渐揭去薄膜，将床温降至 20 ℃进行低温炼苗，使苗健壮。掀薄膜要选无风的傍晚或早晨进行。湿度要做到高温时不缺水，降温炼苗时不浇水，炼苗后结合施肥浇足水，促苗快发。

冷床双膜覆盖育苗排种后 30~40 d 可剪头茬苗，育苗时间可根据用苗时间而定。

16. 采用露地阳畦育苗应注意哪些问题？

露地阳畦育苗适宜在春季回暖较快的我国中南部夏、秋薯面积大、种薯充足的地区使用。一般有平畦、高畦、温床式和小高垄式。它无须任何设备，具有省工、利于培育壮苗等优点。

采用露地阳畦育苗要注意的问题是：选床址时更要注意苗床四周排水方便，床深要掌握排种覆土后上表土距床沿不要太深，以 2~3 cm 为宜，太深不利排水。因排种覆土后不再加盖任何覆盖物，土壤水分蒸发快，露地阳畦育苗对覆土要求更严格，覆土要细土覆均压实。露地阳畦育苗一般排种后 40 d 可剪头茬苗，具体排种时间要根据栽插时间决定。

17. 如何采用电热温床育苗？

电热温床育苗是近些年应用在甘薯上的一项新技术。一般在电力资源较丰富的地区、用以加速繁殖薯苗时使用。优点是设备简单、管理方便、温度均匀、容易控制，选择床址范围较广。电热温床的做床方法同一般苗床，苗床上方应覆盖塑料薄膜。

具体做法是：在床底铺 10 cm 的营养土，整平踩实。然后在床土上布电热线，先在苗床的两头以间距 5 cm 左右固定一些小木桩，把电线拉直固定在木桩上，线间距平均不超过 9 cm，电源放在床外管理方便的地方，一般为 100 W/m²。电热线布好后，均匀覆上 5 cm 厚的床土，整平后待排种、浇水、盖土。其他操作同前面介绍的苗床。

18. 采用酿热温床覆盖薄膜育苗应注意哪些问题？

酿热温床覆盖薄膜育苗就是在床底铺入秸秆、杂草、树叶、骡马粪等酿热物，再加盖薄膜产生热量促进薯块发芽的一种育苗方式。它的优点是：节省燃料、出苗齐出苗较快、成本低。

采用酿热温床覆盖薄膜育苗应注意：南边要比中间深一些，南墙下面应向外稍斜一些，这样床温更均匀；选用作物的秸秆、杂草、树叶作酿热物要混入富含高温好气性细菌的骡马粪，碳氮比过大时可适当加些尿素调整；酿热物湿度以用手抓紧酿热物手指缝见水而不滴为宜，厚度不少于 30 cm；酿热物踩压后，需要盖上 10 cm 厚的肥沃床土，踩实后可先盖上薄膜；床温稳定在 34 ℃左右时即可排种，排种后浇足水，上盖 3 cm 左右的细土，盖好塑料薄膜，四周用泥封好，以利发芽。

由于酿热物腐烂耗氧，容易造成薯块坏烂，在建床时对酿热物留有通风道。苗床管理参照冷床双膜覆盖育苗法。现在农村普遍缺乏酿热物，加上操作较为复杂，现一般不选用该方式育苗。

19. 采用火炕育苗应注意哪些问题？

火炕育苗要注意以下几点：固定老炕址要换土消毒，每年排种前，清除老床土换上净土，或用 500~600 倍多菌灵溶液进行喷洒消毒。注意实际炕温与测量炕温的差异，温度计要插入种薯下部，高温时适当提前停火，低温时要适当提前烧火。适当加大排种密度，种薯之间相互叠压 1/2 左右。准备充足的采苗圃，薯苗达到高度时，及时剪苗繁殖。火炕育苗一般 25 d 可剪头茬苗。

20. 薯苗的壮苗标准是什么？怎样培育甘薯壮苗？

薯苗粗壮栽后发根返苗快、利于养分的积累而结薯早，加大了"库容量"，为高产打下了物质基础。壮苗的标准：苗龄 35~40 d，百株苗重春苗

1.0 kg，夏苗 1.5 kg 左右，长度 20~25 cm，苗粗 0.5 cm，叶片肥厚、大小适中、色泽浓绿，茎叶都具有本品种的特性，汁液多，没有气生根，根原基粗大，无病虫害。

薯苗的壮弱除品种本身特性外，不同的育苗方式对苗质影响也较大。露地苗床有利于培育壮苗；其他类型的苗床，选择适中的薯块，适当稀排种，适当控制温度和肥水，及时剪苗栽插，避免苗等地。为达到培育壮苗的目的，火炕育苗和电热温床育苗应及时剪苗栽插采苗圃。

21. 如何进行甘薯苗床管理？

苗床管理就是要"保、促、控"相结合，就是保多苗、促全苗、控壮苗。要做到这几点，首先要确定适宜的排种时间和排种密度。在肥、水、气、温、光几项管理措施中，温度是关键。从排种到出苗以促为主，温度控制在 35 ℃左右 3~4 d，可起到催芽防病的作用；出苗至采苗前 3~4 d，以控为主，温度在 25~30 ℃；采苗前 3~4 d，揭去薄膜，把床温降至大气温度，促苗健壮。塑料薄膜育苗主要通过揭膜控制温度，露地苗床则要通过肥水管理控制温度。不论何种育苗方式，排种时浇一次透水，以后根据床土干湿情况适当浇水。

注意肥水过量、温度过高、床土带病带菌、薯块带病等都易引起烂床。薯块萌芽相对湿度在 80%~90%，床温避免长时间超过 35 ℃、低于 9 ℃，或者长时间停留在 25 ℃左右，都易造成烂床。排种薯时用多菌灵和氧化乐果 600~800 倍溶液浸种 5~10 min 消毒，杀灭薯块上黑斑病病菌。

22. 为什么剪苗比拔苗好？

剪苗特别是高剪苗可以减轻薯苗甘薯黑斑病、甘薯茎线虫病等病原物的携带量，有效防止或减轻大田病害的发生。薯块携带的病菌会从块根缓慢向苗顶部移动，高剪苗减少了移栽用薯苗的带菌量。剪苗比拔苗采苗量多，剪苗不破坏芽原基，拔苗容易带掉薯皮，带走了薯皮表面的潜伏芽，从而减少了出苗量，同时拔苗造成的薯皮破损，易感染病害引起烂床。剪苗栽插后发根返苗快，新生根容易发育成块根，从而增加产量；拔苗的薯苗基部带有须根，这些根不容易形成薯块，又影响栽插入土节数，产量减低。因此，剪苗比拔苗好。

23. 采苗圃有哪几种栽培模式？

平畦电热温床采苗圃，适合育种单位或良种繁育基地为了加快繁殖新材料、新品种采用，做床和栽插时间依需要而定，为节省能源，早期栽插密度可适当加大，其特点是有苗即繁，以苗繁苗，冬季和早春注意保持温度。

薄膜覆盖平畦采苗圃，适合用苗量较大和春薯地栽插。电热温床和火炕育苗苗床成苗较早，早春气温较低不能直接栽入大田，畦宽 1.5 m 左右，长度依据土地情况而定，栽插密度一般行距 15 cm，株距 5 cm，栽插时逐行浇水后覆土，大水漫灌不易返苗。

夏薯露地采苗圃，是培育夏薯足苗壮苗的重要措施。一方面可及时供应夏薯栽插用苗，避免从春薯田剪苗；另一方面经过两次高剪苗可有效地减轻病害传播。采苗圃可采取平畦或小高垄。平畦栽插行距 20 cm 左右，株距 5 cm 左右。小高垄垄距 50 cm 左右，株距 10 cm 左右。夏薯露地采苗圃待夏薯栽插完毕后，可作为青饲料田利用。

第三节　甘薯栽插与田间管理

24. 如何确定合理的栽插密度？

一般情况下栽插期早的密度小些，栽插期晚的密度大些；甘薯品种为大叶型的密度小些，甘薯品种为小叶型的密度大些；品种株型紧凑的密度大些，品种株型松散的密度小些；土壤肥力水平高的密度小些，土壤肥力水平低的密度大些；大田浇灌条件好的密度小些，大田浇灌条件差的密度大些；南方等光照强的区域密度小些，北方等光照弱的区域密度大些；鲜食用甘薯密度大些，工业淀粉用甘薯密度小些。一般北方单行垄作春薯密度为 3 000~3 300 株/亩、夏薯为 3 300~3 500 株/亩，南方秋薯和冬薯密度相对大些，大面积为 4 000~6 000 株/亩。

25. 为什么薯垄及植株间距离要尽量均匀？

起垄栽培增加了土地与空气接触面，加大昼夜温差，有利于甘薯的块根膨大。在做垄时要尽量使垄的宽度和高度保持一致，宽窄高低不均匀会直接影响种植密度，株数、单株薯数和单株薯重 3 个构成产量的关键因素不协调；同时垄距不匀容易带来排水不畅，不方便田间管理机械行走等。同样，株间距离也要尽量保持一致，株间距大小不一直接影响单株长势，株间距大时植株获得的营养和阳光较多，植株生长快，虽然单株产量略高，但容易使相邻植株造成空株，单位面积产量下降；株间距小的弱势植株可能得不到充分的阳光及养分，长势弱，块根产量低，干物质积累少，品质差。垄株间距均匀可为每个植株提供平等的竞争机会，有利于整体平衡生长，结薯大小均匀，不仅达到高产目的，而且会显著提高商品薯率。

26. 抗旱留三叶水平栽插法有什么优点？

甘薯的叶面积比较大，蒸腾作用强，正常条件下需要大量的水分供其生理调节，特别是在春季干旱条件下需水量更多。而刚栽插过的薯苗根系尚未形成，如果此时将大部分叶片暴露在土壤表面，仅靠埋入土中的茎部难以吸收足够的水分，结果造成叶片与茎尖争水，在阴雨天还好一些，遇到晴热高温天气时茎尖呈现萎蔫状态，返苗期向后推迟，严重时造成薯苗枯死，而地上部少留叶片，埋入湿土中的叶片可有效地解决薯苗的供水问题，叶片不仅不失水，还可从土壤中吸收水，同时减少蒸腾，保证茎尖能够尽快返青生长，提高成活率。

具体操作办法为先刨坑，后浇水，再插苗，保持埋入土中的节间呈水平状，然后待水分渗完后埋土，将大部分展开叶片埋入土中。

27. 为什么栽插时漫灌会造成返苗慢？

有些薯农为了节约工时采取栽后灌沟或大雨后栽插，这种方法虽然可保证较高的成活率，但往往出现长时间薯苗生长不旺。原因在于漫灌后栽插，土壤呈现水分饱和状态，土温偏低，土壤板结，土壤中氧气含量减少；雨后栽插更容易破坏土壤结构，造成土壤黏重，黏土地更加明显；由于不良的土壤条件妨碍了根系的发展，造成根系生长缓慢，返苗慢，生长延迟，甚至造成僵苗不发；黏土地栽插时漫灌或雨后栽插影响更大。因此甘薯栽插一般应选晴天采用浇窝水埋叶法栽插，这样土温较高，土壤氧气充足，养分分解快，薯苗返苗快，生长势强。

28. 如何控制甘薯地上部旺长？

甘薯根系发达，吸肥吸水能力大，地上部生长势强，若遇到氮肥水平偏高、密度较大、光照不足或雨水充沛的情况，地上部茎叶往往发生徒长现象，茎叶徒长会大量消耗养分，严重影响块根膨大。甘薯地上部旺长判断标准为叶色浓绿、顺着垄沟的方向放眼望去基本上看不清垄顶与垄沟的区别，叶柄长度比正常生长条件下长 1/3～1/2。如果发现地上部茎叶有旺长势头，就应该采取相应措施加以控制。

的蔓较长，有的蔓较短，混栽后部分品种的植株获得优势，营养生长过盛，影响了弱势植株的生长，同时优势植株因茎叶旺长导致薯块产量低于正常水平。一般情况下两个高产品种混栽后也会降低产量。同一农户栽插不同品种可采取分片单栽的办法，不要混栽其他品种，特别是缺苗补苗时更应该注意，不要随便采苗栽插，否则起不到增产作用。

35. 生长中后期田间管理需要注意哪些问题？

中期管理的中心是确保茎叶正常生长，促使块根尽早形成。主要措施有：①适当追肥，对基肥充足、长势较好且已封垄的地块，追肥以钾肥为主，每亩追施硫酸钾 10 kg 左右；长势较差的田块可追施尿素 5～10 kg。②对于出现旺长迹象的田块，封垄后喷施多效唑，每亩用 75 g 兑 50 kg 水进行叶面喷施，一般化控 2～3 次效果最好。多雨季节要及时清沟理墒，达到田间无积水。

后期管理以保护茎叶，促进薯块膨大为主，主要措施有：防治甘薯斜纹夜蛾、甘薯天蛾、造桥虫和卷叶螟。虫害防治重点是防治甘薯天蛾，一般可用 40%甲基异柳磷 1 500 倍液或菊酯类农药如敌杀死、高效氯氰菊酯等在傍晚喷雾。可喷洒浓度为 0.3%的磷酸二氢钾，每亩喷洒 50～75 kg，每隔 15 d 喷 1 次，可连喷 2 次。

第四节　甘薯的高产高效栽培

36. 高产栽培对土壤和肥料有什么要求？

甘薯的适应能力很强，对土壤的要求不甚严格。但要获得高产、稳产，栽培时应选择沟渠配套、排灌方便、地下水位较低、耕层深厚、土壤结构疏松、通气性好的中性或微酸性沙壤土或壤土，并要求不带病虫害的地块，以无污染的平原高亢地区、丘陵岗地或山坡地为首选。对于不符合上述类型的土壤要积极创造条件改良土壤，要进行培肥地力、保墒防渍、深耕垄作等。

甘薯虽具有耐瘠的特性，但其生长期长，吸肥能力强，消耗土壤中的养分多，中等肥力地块，一般亩施优质农家肥 3 000～4 000 kg，加生物菌肥 2～3 kg，再加上氮、磷、钾含量分别为 15%的优质硫酸钾复合肥 40 kg。基肥可在整地时一次施入，不同肥力的地块可适当增减复合肥的用量。

37. 甘薯藤蔓和麦草秸秆还田有哪些优点？

甘薯生长需要良好的土壤透气性和较高的有机质含量，但目前生产上使用有机肥很少，栽培甘薯的田块也大部分比较瘠薄，土壤容易板结，不利于高产优质栽培。

现在国内已经开发出甘薯蔓还田机，可将大部分藤蔓切碎，在甘薯收获时埋入土中，增加土壤有机质和营养元素。收获时甘薯蔓每亩重量2 000 kg左右，15%的干物率，折合干重300 kg，含有15%的粗蛋白，分解后可释放约7 kg纯氮，另外还有大量的有机质和矿质元素。在根腐病和茎线虫病严重发生地区不宜进行藤蔓还田，减少病害传播。

在黄淮地区大部分种植麦茬薯，小麦收后秸秆处理为大难题，多数点火焚烧，造成环境污染和火灾频发，还损失了全部的有机质和氮元素，是国家明令禁止的行为。通过研究发现，甘薯起垄时将麦草均匀分散埋入土中可起到疏松土壤、增加有机质和营养元素含量，明显改善甘薯形状和产量，多年使用可培肥土壤，一举两得。

38. 为什么说高产甘薯栽培更多依赖土壤透气性？

甘薯膨大受土壤结构影响很大。土壤紧实，含氧量少，缺乏膨大过程需要的水分和氧气，造成薯块难以形成，或长相怪异，粗纤维多，有时结薯很深，增加收获的难度。土壤板结时透水性差，过量降水会造成垄体湿度太大，下渗困难，进而根际土壤含氧量少，不容易形成块根，已经膨大的薯块如果得不到很好的通风透气条件也会表现生长缓慢，表皮须根增多，薯皮粗糙，颜色黯淡，免疫力差，储存期间容易软腐。

具有良好透气性土壤的水气调节比较理想，容易形成块根，结薯浅且块形大，产量高。因此，高产栽培需要良好的土壤透气性，在土壤改良上要更加注重增加土壤有机质，采用机械化起垄，保证垄体高度在25 cm以上，阴雨天田间无积水。

39. 为什么要积极推行甘薯生产机械化？

机械化是大面积标准化栽培的首要因素，机械化生产不仅可节省大量工时，提高劳动效率，还可提高产量，降低损耗。目前甘薯生产机械化在发达国家应用比较普遍，如日本普遍采用小型精确的栽培机械，作业范围包括剪苗、起垄、覆膜、栽插、去蔓、挖薯等主要用工环节。江苏徐州甘薯研究中心重视发展甘薯栽培机械化，目前成功应用的包括与大中小型拖拉机配套的起垄机、栽插用浇水施肥破膜器、与小四轮拖拉机配套的切蔓机、收获器等，其中实用新型专利产品"环刀形甘薯收获器"与小四轮拖拉机配套使用时的工作效率为每小时 3~4 亩，工作效率相当于 50~60 人进行人工刨收，且坏烂率与漏收率均大幅度降低。机械化对于大规模商品薯生产尤其重要。

40. 为什么不提倡超大甘薯栽培？

众所周知，甘薯是无限生长作物，可多年连续生长。在一定时间内，单块甘薯的重量随时间延长而增加。

由于生产上种植模式及季节限制了甘薯的生长期，不允许长期在田间生长；同时甘薯生产田也不可能具备能满足超大薯生长的环境条件。甘薯高产必须是每亩株数、单株结薯数和平均薯重的三者协调，优良品种应是在单位面积的土地上取得较高的薯块产量，单株的超高产并不能达到亩产量提高的要求。超大甘薯管理费工，收获费力，不能应用机械化挖薯，在收获时容易破皮，不方便装袋运输，加工淀粉时需要人工切开等，因此，超大甘薯栽培对于观光农业和沟边或零星地种植而言，有一定的价值，在大田生产上则没有任何实用价值。

41. 切块直播甘薯有什么优缺点？

甘薯切块种植研究已有几十年的历史，尽管也有诸多增产的报道，但生产上利用面积不大。主要原因有：一是甘薯薯块含有较高的可溶性糖，切开后容易腐烂。二是在北方只可作为春薯栽种，从薯块入土到成苗需要较长时间，入土太早容易冻烂，造成出苗不均。在南方往往作物茬口衔接比较紧，没有较长的在田时间。播后也容易遭受小动物为害。三是切块直播会将种薯病害带到田间，具有积累病害的危险。四是在田间薯块的出苗时间有差异，素质也有很大差别，这种不均匀会严重影响产量，从技术上很难消除这种差异。五是直播的用种及用工量比较大，一般每亩需要 100 kg 以上，在薯苗 20~30 cm 时需要逐株清除母薯，比较费时。考虑到上述因素，切块直播在未研究取得更成功的技术之前不宜在生产上推广。

42. 甘薯间作套作如何获得高产？

甘薯是良好的间作套种作物，因为它的栽插和收获时间不像其他作物那样严格。间作套种可提高土地利用率，使作物复合群体增加对阳光的截取与吸收，两种作物间作还可产生互补作用，有一定的边行优势。但间作套种时不同作物之间也常存在着对阳光、水分、养分等的激烈竞争。对作物高矮不一、生育期长短有参差的作物进行合理搭配和在田间配置宽窄不等的种植行距，将有助于提高间作套种的生产效果。我国西南地区四川、重庆等地甘薯间作套种面积较大。甘薯间套作适合山区旱地不能机械化作业的小面积栽培，大面积间套种植在田间操作存在着技术难度大，人工成本高等问题。

43. 如何种植鲜食用高档甘薯？

随着社会的进步和人民生活水平的提高，甘薯的保健作用得到了越来越多的重视。在大城市市场急需高品质甘薯供应。这些甘薯的特点是薯形匀称、薯皮光滑，肉色一般浅黄、橘红、紫色，做熟后口感要好，鲜薯要耐储存，尽量不用化学农药，减少残留风险。

高档次鲜薯生产第一是更重视品种选择，目前比较适合的有徐 55-2、徐薯 23、心香、金玉、广薯 79、遗字 138 等；第二要选择土质疏松、透气性好、排水方便、没有病害的田块；第三防治地下害虫，必须施用白僵菌等生物药剂，绝对不施用国家已经明令禁止的农药；第四多施有机肥和生物菌肥；第五无论采用机械化或人工收获，收获时要用钙塑瓦楞箱或内衬软布的塑料周转箱而不能用网袋装薯，在田间轻拿轻放，减少破皮，大小分开装，便于以后分装。

44. 如何提高"迷你"甘薯的商品率和种植效益？

"迷你"甘薯是指选用特定品种在特殊栽培下收获的单薯重量在 50~150 g 的食用甘薯。"迷你"甘薯要求薯块均匀、外形美观、品质优良、营养价值高、非常适合现代消费者的需求。

为了提高"迷你"甘薯的商品率，栽培上要求用 7 张以上叶片的顶芽苗，水平插入土节位 3~4 个；每亩密度 5 000 株以上，单垄栽种；中等偏低肥力的土壤亩施尿素控制在 10 kg 左右，腐殖酸有机肥 50~75 kg，钙镁磷肥 20 kg 和硫酸钾 10 kg；早熟品种如"心香"70~80 d 可以开始收获，80 d 生长期亩产量在 500 kg 左右，150 g 以下的薯块比率可以达到 90%以上。

销售时要根据薯块大小和形状进一步分级，把大小和形状一致的薯块放在一起，其中 50 g 左右的薯块最适合宾馆、饭店，100 g 左右的薯块可以用网袋装成 1 kg/袋，供给超市零售。

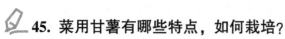

45. 菜用甘薯有哪些特点，如何栽培？

叶菜用甘薯是指通过特定的栽培方法，收获茎尖下端 10 cm 作为蔬菜食用的甘薯。甘薯茎尖富含蛋白质、食用纤维、维生素 B_1、维生素 B_2、维生素 B_6、维生素 C 以及多酚。经常食用甘薯茎尖能防止脂类物质在动脉管壁上沉积而引起的动脉硬化，延缓人体器官的老化，提高机体的免疫力；其内含纤维素物质，能促进肠道蠕动，防止便秘。种植叶菜用甘薯需要注意以下几点。

（1）选用优良品种。目前常用菜用甘薯品种有台农 71、福薯 7-6 等。

（2）保护地栽培。塑料大棚内高温多湿的条件特别适宜叶菜用甘薯生长需要，同时便于采摘。

（3）肥料运筹。施足基肥，基肥以有机农家肥为主，每亩至少 20 m³ 有机农家肥，磷酸二铵 100 kg。

（4）栽插密度。选用无病壮苗，加大栽插密度，每亩栽插可达 3.5 万 ~ 4.5 万株。

（5）加强管理。栽插后 20 d 即可使每一枝条留有 1~2 节，促进分枝和薯苗整齐生长。采摘后要浇足水，促进快发。

46. 如何栽培观赏用甘薯？

甘薯除了具有人们熟悉的食用价值，还具有观赏价值。盆栽观赏甘薯可以同五颜六色、千姿百态的花卉一样，进入现代都市家庭、办公室，成为观光农业的新亮点。观赏甘薯的观赏期长，不怕风吹雨淋、太阳暴晒，对土壤酸碱度没有特殊要求，栽培管理非常粗放，不需要花太多的精力去护理。

盆栽观赏甘薯有两种栽培方式，一是悬挂盆栽，就像吊兰一样；二是平放盆栽，与普通花卉一样，但要经常剪顶促其分枝，使甘薯茎蔓粗壮，直立或半直立，并能促使观花甘薯早开花、多开花，一盆内可搭配早、中、晚不同花期的甘薯品种。

47. 如何利用沟边、田埂、梯田堰边种植甘薯？

沟边、田埂、梯田堰边土质疏松、光照资源充足，通风条件好，可充分利用立体空间种植甘薯。沟边、田埂、梯田堰边种植对甘薯品种和施肥水平与大田有所不同，一般甘薯品种应为薯蔓较短、分枝较多、株型紧凑，大叶型早熟高产优质品种。

由于沟边、田埂、梯田堰边等相对空间大，通风透光好，肥水充足，甘薯地上部分长势较旺，在甘薯生长中后期注意要经常提蔓整形，以防止薯蔓生根结小薯。后期可根据市场需求和人为需要，对一些早熟或成型的鲜食品种可在8—9月将已经长大的甘薯小心取出，不破坏整个根系，余下的则继续维持生长，收获时间因大田作物而定，以不影响其他作物收获为宜。

第五节　甘薯病虫草害防治

48. 甘薯主要病害有哪些？

我国甘薯病害的种类很多，已报道的有30余种，有甘薯真菌性病害（甘薯黑斑病、甘薯根腐病、甘薯软腐病、甘薯蔓割病、甘薯疮痂病等）、甘薯细菌性病害（甘薯薯瘟病）、甘薯线虫病害（甘薯茎线虫病、甘薯根结线虫病）、甘薯病毒病。北方薯区主要病害有甘薯茎线虫病、甘薯病毒病、甘薯根腐病、甘薯黑斑病，长江中下游薯区主要病害有甘薯黑斑病、甘薯薯瘟病、甘薯根腐病、甘薯病毒病、甘薯茎线虫病，南方薯区主要病害有甘薯薯瘟病、甘薯病毒病、甘薯蔓割病、甘薯疮痂病等。

49. 如何识别与防治甘薯茎线虫病？

甘薯茎线虫病又叫空心病，是国内植物检疫对象之一。由马铃薯腐烂线虫引起，除为害甘薯外，还为害马铃薯、蚕豆、小麦、玉米、蓖麻、小旋花、黄蒿等作物和杂草。该病主要为害甘薯块根及茎蔓。茎部症状多在髓部，初为白色，后变为褐色干腐状。块根症状表现为糠心和糠皮。

甘薯茎线虫病的防治关键在于消灭虫源：主要途径是在育苗、种植和收获时集中销毁病原体。选用抗病品种和无病种薯，种薯可用51~54 ℃温汤浸种，苗床用净土以培育无病壮苗。药剂浸薯苗用50%辛硫磷乳油100倍液浸10 min。薯苗移栽时穴施辛硫磷微胶囊剂或三唑磷微胶囊剂，也可用辛硫磷微胶囊剂5倍液，蘸根底部6~10 cm，浸泡5~10 min处理种苗进行防治。

50. 如何识别与防治甘薯黑斑病？

甘薯黑斑病是甘薯生产上的一种主要病害，我国各甘薯生产区均有发生。在甘薯整个生育期均能遭受病菌为害，主要为害块根及幼苗茎基部。病苗基部叶片变黄脱落，地下部分变黑腐烂，苗易枯死，造成缺苗断垄。收获前后发病最多，病斑为褐色至黑色，中央稍凹陷，上生有黑色霉状物或刺毛状物。病薯变苦，不能食用。

甘薯黑斑病的防治主要以农业措施为主：实行轮作倒茬；建立无病留种田；采用高剪苗进行大田种植。栽插时可用药剂 50% 甲基托布津可湿性粉剂 500~700 倍液或 50% 多菌灵 2 500~3 000 倍液，蘸根底部 6~10 cm，浸泡 2~3 min 处理种苗；种薯处理，用 50% 多菌灵可湿性粉剂 500 倍液浸种薯 3~5 min 后晾干入窖。甘薯高温愈合处理是防治黑斑病最有效的方法，值得提倡。

51. 如何识别与防治甘薯根腐病？

甘薯根腐病又称烂根病，是北方薯区和长江中下游薯区发生较重的一种病害，主要发生在大田期。先从幼苗须根尖端或中部开始为害，并蔓延至地下茎，形成褐色凹陷纵裂的病斑。地上秧蔓节间缩短、矮化，叶片发黄，发病重的地下根茎全部变黑腐烂。病薯块表面粗糙，布满大小不等的黑褐色病斑，中后期龟裂，皮下组织变黑。

甘薯根腐病主要为土壤传染，田间扩展靠流水和耕作活动。遗留在田间的病残体也是初侵染来源。一般沙土地比黏土地发病重，连作地比轮作地发病重。对甘薯根腐病的防治主要是采用抗病品种，目前推广的抗病品种为徐薯18、苏薯 7 号、商薯 19、苏渝 303 等。

52. 如何识别与防治甘薯蔓割病？

甘薯蔓割病又叫甘薯枯萎病、甘薯萎蔫病等。全国各大薯区均有发生。该病主要侵染茎蔓、薯块。苗期发病表现为主茎基部叶片发黄变质。茎蔓受害则茎基部膨大，纵向破裂，暴露髓部，剖视维管束，呈黑褐色，裂开部位呈纤维状。病薯蒂部常发生腐烂。横切病薯上部，维管束呈褐色斑点。病株叶片自下而上发黄脱落，最后全株枯死。

甘薯蔓割病的防治：①选种抗病品种，如徐薯 18 等。②加强检疫，禁止从病区调入薯种、薯苗。③栽插无病壮苗，排种前用 50% 甲基硫菌灵可湿性粉剂 700 倍液浸薯种，栽植前用 50% 多菌灵 1 000 倍液浸苗 5~10 min。④重病地块与其他非寄主作物进行 3 年以上轮作，水旱轮作效果更好。⑤发现病株及时拔除，集中烧毁或深埋。

53. 如何识别与防治甘薯薯瘟病？

甘薯薯瘟病又名甘薯细菌性萎蔫病、烂头、发瘟。多发生在长江以南各薯区，是甘薯的毁灭性病害。该病病菌从植株伤口或薯块的须根基部侵入，破坏组织的维管束，使水分和营养物质的运输受阻，叶片青枯垂萎。早期感病的植株，一般不结薯或结少量根薯，后期感病时不结薯。

甘薯薯瘟病的防治：①严格检疫，搞好病情调查，划分病区，禁止疫区薯（苗）出境上市销售。②建立无病留种地。③选用抗病品种，湘薯75-55、闽抗329等。④合理轮作，水旱轮作，或与小麦、玉米、大豆等作物轮作，但不要和马铃薯、烟草及番茄等茄科作物轮作。

54. 如何识别与防治甘薯其他病害？

甘薯病害除上述主要种类，目前生产中常见的还有甘薯紫纹羽病、甘薯黑痣病、甘薯疮痂病、根结线虫病、甘薯软腐病、甘薯干腐病等。

甘薯紫纹羽病：主要侵染根系、薯块。病薯块和薯拐起初为绵白色的根状菌索，后转为粉红色或褐色，最明显的症状是薯块表面形成紫褐色网状菌索。防治措施主要包括：铲除田间病株及病株周围病土，再用福尔马林或石灰水进行消毒；收获时病株残体集中烧毁或深埋；重病田与禾本科作物实行3年以上轮作，水旱轮作最好；增施有机肥料，提高土壤肥力和改良土壤结构，以提高土壤保水保肥能力，增强抗病力。

甘薯黑痣病：主要为害薯块表皮，在薯块表皮开始形成淡褐色小斑点，以后逐渐扩大成灰色和黑色不规则大病斑，并产生黑色霉层，病斑仅限于皮层，不深入组织内部，虽然不妨碍食用，但对发芽有影响，商品性差。有些农民误认为是施化肥所致。防治措施：选用无病种薯，培育无病壮苗，建立无病留种田，实行3年以上轮作制，注意排涝，减少土壤湿度。栽种时薯苗用多菌灵等杀菌剂稀释液浸苗也有一定防效。

甘薯疮痂病：又称甘薯缩芽病，俗称"麻风病""硬秆病"等。主要为害嫩梢、叶片、茎蔓，也可为害薯块。初期叶片病部出现红褐色油渍状斑点，以后病斑逐渐扩大，突起，状如疮痂。薯块染病，芽卷缩，薯块表面产生暗褐色至灰褐色斑点，干燥时疮痂易脱落残留疹状斑或疤痕。病菌在种薯上或随病残体在土壤中越冬，带菌种薯和薯苗可以传播，风雨、人手接触和田间昆虫也能传播。持续降雨和暴风雨有利于病害蔓延和盛发。雨天翻蔓，病害扩展蔓延更快。该病防治方法与蔓割病相同。

甘薯根结线虫病的防治可参考茎线虫病防治方法，甘薯软腐病、甘薯干腐病可参考甘薯储藏期的管理。

55. 为害甘薯的主要害虫有哪些？

我国甘薯害虫的种类很多，除少数专门为害甘薯外，大部分是杂食性的，为害多种作物的害虫。而且害虫的种类由北向南逐渐增多，造成的损失亦相应加重。主要为害甘薯的害虫有 20 余种，其中发生普遍而严重的有甘薯蚁象、甘薯长足象、斜纹夜蛾、甘薯天蛾、甘薯麦蛾，以及地下害虫的大蟋蟀、黄褐油葫芦、非洲蝼蛄、小地老虎、蛴螬、金针虫等。

56. 如何进行地下害虫的防治？

为害甘薯的地下害虫种类很多，主要有蟋蟀、蝼蛄、地老虎、蛴螬、金针虫五大类，这些害虫全是杂食性，可同时为害很多作物。防治方法主要如下。

（1）农业防治。精耕细作，消除杂草，灌水，轮作。

（2）物理及人工防治。人工捕杀，灯火诱杀，糖液诱杀，堆草诱杀。

（3）生物防治。培养大黑金龟乳状芽孢杆菌，接种土壤内，使蛴螬感病致死。

（4）化学防治。可结合甘薯茎线虫病的防治进行药剂浸苗，拌施毒土，毒饵诱杀，药剂喷洒。

特别推荐采取农业措施防治地下害虫，化学防治必须符合国家对农产品安全生产的要求。

57. 怎样减轻甘薯蚁象的为害？

甘薯蚁象又名甘薯小象甲、象鼻虫、臭心虫等。为国内植物检疫对象之一，在我国南方薯区发生严重。此虫在甘薯生长期和储藏期均有为害，薯块被害后恶臭，人和家畜均不能食用。

减轻甘薯蚁象为害的方法：首先要严格检疫，防止人为传播虫源；水旱轮作，减少虫口密度；毒饵诱杀，在初冬或早春，把小鲜薯或鲜薯片、鲜茎蔓用40%乐果乳剂或90%晶体敌百虫 500 倍液，浸泡 12~24 h 后，取出晾干即成毒饵。每亩挖 50~60 个小浅坑，把饵料放入，上面盖草，每隔 5~7 d 更换 1 次，诱杀效果很好。药液浸苗，用 40%乐果乳剂或晶体敌百虫 800~1 000 倍液浸湿薯苗，立即取出稍晾，然后栽插；盖砂填缝，及时培土，防止薯块外露，也有防虫效果；利用性诱剂进行诱杀等。

58. 如何防治甘薯茎叶害虫？

甘薯茎叶害虫主要有甘薯麦蛾、斜纹夜蛾、甘薯潜叶蛾和甘薯天蛾等。防治主要有两方面的措施。

（1）农业措施。冬、春季多耕耙甘薯田，破坏其越冬环境，杀死蛹，减少虫源；早期结合田间管理，捕杀幼虫；利用成虫吸食花蜜的习性，在成虫盛发期用糖浆毒饵诱杀，或到蜜源多的地方捕杀，以降低田间卵量。夜蛾盛发期可在甘薯地寻找叶背上的卵块，连叶摘除。

（2）药剂防治。每亩用 2.5%敌百虫粉 1.5~2 kg 喷粉，或 90%晶体敌百虫 2 000 倍液喷雾，或 80%敌敌畏乳剂 2 000 倍液喷雾，或 20%Bt 乳剂 500 倍液喷雾。

59. 甘薯脱毒包括哪些程序？

脱毒甘薯种薯的生产过程包括优良品种筛选，茎尖苗培育，病毒检测，优良茎尖苗株系评选，高级脱毒试管苗速繁，原原种、原种和良种种薯及种苗的繁殖等环节，每个环节都有严格的要求，最终目的是保证各级种薯的质量，充分发挥脱毒甘薯的增产潜力。

60. 选用甘薯脱毒种薯有哪些好处？

甘薯脱毒可恢复原品种种性，可以说是一个提纯复壮过程。选用脱毒甘薯有以下好处：萌芽性好，产苗量大幅增加，甚至增加数倍；栽后返苗期快，大田生长势强，结薯早，薯块膨大快，结薯集中；薯块外观品质好，商品薯率高；增产显著，增产率一般 20%左右，有的品种可达 1 倍以上；病害减轻，脱毒甘薯种薯种苗不携带任何病害，田间发病率明显降低。

61. 如何区别和选购甘薯脱毒种薯？

甘薯脱毒种薯良种在利用 3 年后增产效果就不再明显，需要更换新的脱毒薯种。选购甘薯脱毒种薯时，首先要到正规科研单位或是信誉度好的种业公司、协会购买；其次要求参观脱毒和检测设备，判定该单位是否掌握该项技术；再者观察脱毒种薯商品质量，脱毒种薯皮较光滑，薯块较均匀；再调研其原种的来历和生产基地；最后要签订脱毒种薯质量保证书。

62. 甘薯病虫害的综合防控技术包括哪些内容？

（1）选用抗病品种。从正规渠道收集信息，不听信虚假广告，选择抗病品种。

（2）建立无病留种田。政府牵头，农业推广部门统筹规划，建立良种繁育体系。

（3）培育无病壮苗。选用无病薯块做种薯，育苗排种可用40%乐果乳剂1 000倍液和40%多菌灵800~1 000倍液或50%甲基硫菌灵1 500倍液混合液浸种5 min或直接喷洒消毒；高剪苗防治薯苗携带病原。

（4）栽培技术。栽插前可采用50%多菌灵和40%辛硫磷各1 000倍液混合液浸苗；对病虫较重的地块可穴施锌硫磷微胶囊剂或三唑磷微胶囊剂，可用15 kg麸皮和500 g锌硫磷拌匀与农家肥一块撒于垄内。生长期不旺长、田间不积水等。

（5）生物物理防治、药剂防治结合。生长期采用性诱剂，黑光灯等方法诱杀成虫；为害初期每亩可用敌杀死50 g或80%敌敌畏100 g兑水50 kg喷雾，防治甘薯天蛾、斜纹夜蛾、造桥虫等为害。

（6）销毁病薯残体。收获捡拾病薯病株及时销毁，防止病源扩散。

（7）储藏期防治甘薯黑斑病和甘薯软腐病。收获前采用硫黄粉按15 g/m³燃烧，熏蒸并密闭窖口2 d，或用40%多菌灵1 000倍液喷洒窖壁；入窖后进行高温愈合处理。

63. 如何正确选择和使用除草剂？

农田杂草由于长期的自然选择，具有顽强的适应性。杂草会消耗土壤肥力和水分，影响甘薯生长，同时给害虫发育繁殖提供了丰富食料、产卵的场所和繁殖为害的条件；给甘薯生产造成极大损失。薯田杂草种类很多，可简单分为阔叶和窄叶草类。

在甘薯田有效使用除草剂可节约大量的劳动力，减少除草作业对薯垄的破坏。目前使用较多的是乙草胺等除草剂，具体施用方法是：在栽插后尽快喷洒药液，每亩用50%乙草胺乳油100~150 mL兑水50 kg喷洒，在旱天应注意多兑水，尽量不要喷到薯苗上。薯苗在沾染少量除草剂后会造成顶端生长缓慢，但分枝较多，对最终产量没有大的影响。如栽插前喷洒，喷洒后4~5 d栽插效果更好。注意乙草胺为选择性芽前除草剂，可被植物幼芽吸收，必须在杂草出土前施药。

64. 如何生产甘薯无公害产品？

甘薯无公害产品是指在甘薯生产的全过程，包括：产前对产地质量控制；

产中实行选用抗病品种、培育健苗、净肥净水、控促结合与农业、物理、生物、检疫、药剂防治的综合病虫害无公害化防治技术；产后的包装、储存、运输和分级处理中实行全方位监控。甘薯生产的产地环境、生产过程、最终产品质量符合国家或行业无公害农产品的标准，并经国家检测机构检验合格，批准使用无公害农产品标志的初级农产品，要求食品具备安全、卫生、优质、营养4个特征，是绿色食品的过渡产品。

生产甘薯无公害产品，目前最重要的是控制农药的使用，严禁使用国家已明令禁止的农药，国家允许使用的农药不得超量和安全期外使用。安全卫生指标需要符合相关国家农业行业标准，使甘薯中各种有害、有毒物质限量指标均符合国家食品安全卫生标准。

第六节　甘薯的收获与储藏

65. 如何确定适宜收获期？

甘薯是块根作物，不像其他种子作物那样有明显的成熟期，但甘薯也要适时收获。一般确定本地区甘薯收获期有两种方法：一是根据当地作物布局和耕作制度来定。二是按照气候变化，特别是根据霜期早晚来确定甘薯收获期。

以当地作物布局和耕作制度确定适宜收获期，根据收后种植的作物品种，平衡前作和后作的整体产量和效益；鲜薯直接上市的应根据产量、市场需求、市场价格等因素确定。

以气候条件确定适宜收获期一般在霜降来临前，日平均气温 15 ℃ 左右开始收获为宜，先收春薯后收夏薯，先收种薯后收食用薯，至 12 ℃ 时收获基本结束。如果收获期过晚，甘薯在田间容易受冻，为安全储藏带来困难；收获过早，储藏前期高温愈合，库温难以降下来，容易腐烂。

66. 甘薯收获需要注意哪些问题？

收获时要做到轻刨、轻装、轻运、轻卸等，尽量减少薯块破损；入窖前要严把质量关，把有损伤、病虫害、龟裂的杜绝入库或单独存放，尽早处理；作为种薯储藏的甘薯在田间收获和储藏时除将有损伤、病虫害、龟裂剔除外，要特别注意将不符合本品种特征特性的甘薯剔除，以保证种薯质量。

67. 菜用甘薯采摘要注意什么问题？

菜用甘薯收获一般采用手工直接采摘。为增加每次的采摘量，薯苗成活后要及时打顶促分枝，采摘茎尖长 10 cm 左右，每条分枝采摘时应留 1~2 个叶节，以供下次再次采摘。采摘后浇稀人粪尿，也可适当施些尿素，需保持土壤湿润。

南方茎尖专用露地平畦 3 月中旬栽插，栽后 25 d 开始采摘，其后每隔 7~10 d 采摘 1 次，计 100 d 亩可采收 3 000 kg。

薯菜兼用大田一般为起垄种植，于 5 月底栽插，栽后 35 d 开始采摘，其后 50 d、80 d、100 d、120 d 各采摘 1 次，可采收茎尖 1 000 kg，收鲜薯 1 000 kg。薯菜兼用的大田种植采摘时应留有主蔓，且要酌情掌握采摘量。

大棚周年种植菜用甘薯达到适宜长度的茎尖均可采收，不受季节和温度的限制。

68. 甘薯安全储藏对环境条件有什么要求？

甘薯在收获后储存期间仍然保持着呼吸等生理活动。储存期间要求环境温度在 9~13 ℃，湿度控制在 85% 左右，还要有充足的氧气。

温度长时间低于 9 ℃时容易造成甘薯细胞壁果胶质分离析出，继而坏死，形成软腐；而温度高于 15 ℃时生命活动加强，容易生根萌芽，造成养分大量消耗，内部出现空隙，就是所谓的糠心，同时病菌的活动力上升，容易出现病害。

湿度超过 85%，影响表层生理活动，利于病菌滋生，易感染病害；湿度过低，薯块失水多，重量减轻，口感变差。

充足的氧气也很重要，能够满足其呼吸，保持旺盛的生命力。有很多甘薯软腐是由缺氧引起的，农村地窖的通风性差，呼吸产生的二氧化碳积聚在底层，容易造成大面积腐烂，此时若同时发生冻害，则更容易坏烂。因此不管何种储藏方式在管理上都要注意通风。

69. 我国南北方薯区甘薯储藏有什么区别？都要注意哪些问题？

我国幅员辽阔，南北方气候差异巨大，甘薯储存方式千差万别。在北方甘薯收获后就进入冬季，预防低温冻害成为关键，一般都要建立保温性能好的储存库，在河北一带有些尝试在大棚里造地窖储存也比较理想，在辽宁及内蒙古等地有些农民利用自家火炕多余的面积储存甘薯也很成功。在黄淮一带，冬季不是太冷，保温措施相对简单，有很多生产大户利用大棚储存，也有很高的成功率，一般大棚加盖 3 层塑料薄膜，两层草苫，单个可储存几十至几百吨，冬季注意及时清理积雪，防止暴雪压垮。长江以南地区冬季温和，很多地方可用普通民房储存。华南地区一般种植冬薯，收获后往往面临高温萌芽，准备长时间储存必须适当降温，延缓甘薯生理活动。

70. 如何建造简易地上甘薯储存库？

地上储存库可以选地新建或利用旧房进行改造，具体做法是在房子内部增加一层单砖墙，新墙与旧墙的间距保持 10 cm，中间填充稻壳或泡沫板等阻热物，上部同样加保温层；与门相对处留有小窗便于通风，最好用排气扇进行强制通风；入口处要增加缓冲间，避免大量冷热空气的直接对流；储存时地面要用木棒等材料架高 15 cm 避免甘薯直接接地；地上库的向阳面可搭盖温室或塑料大棚，在冬季可利用棚内热空气对甘薯堆加热，即利用鼓风机将棚内热空气吹向室内，将室内的冷湿空气交换出来，既起到了保温作用，又能保持空气新鲜，减少杂菌污染，促进软腐薯块失水变干，不让其腐液影响周围健康薯块。大棚可用在春天育苗。

71. 甘薯周年保鲜储存需要哪些条件？

甘薯作为营养保健食品受到大众的欢迎，有很多消费者养成每天少量食用甘薯的习惯，这就需要市场能够周年供应甘薯。一般情况下，在北方只是冬季吃甘薯，夏季基本上没有，主要原因是甘薯遇到高温呼吸加强，很快萌芽，薯肉糖分减少，肉质变糠，香味减少，怪味增加，食用品质下降，同时表皮变皱，出现脉状突出，丧失了商品性。

延长储存期的关键是尽量维持温度保持在（10 ± 1）℃，同时湿度保持在85%以上。品种对低温的敏感性也有很大差异，如徐薯 55-2 在长时间低于9 ℃时仍然保持正常生理活动，品质没有变差，自身的愈合能力强，耐储性好，是周年储存的首选品种。储存的薯块以单块重 250 g 以下的小薯为主，大薯在储存过程中容易变形，小薯相对好得多，能保持更长时间不糠心。

72. 为什么提倡高温愈合，如何进行高温愈合处理？

甘薯在收获及入窖过程中容易受到损伤，对于干率低及可溶性糖含量高的品种受伤后愈合较慢，容易受到杂菌的感染而出现软腐和黑斑病。目前最有效的办法是采用高温愈合处理，可促进伤口愈合，减少坏烂。在我国从 20 世纪

50 年代开始广泛推广高温大屋窖，在集体化时期达到鼎盛，有效地控制了甘薯黑斑病的蔓延。

高温愈合的具体做法是在 2~3 d 内采用燃煤火道、燃油热风机、电加热等方法将薯窖均匀加热至 35~38 ℃，保持 3~4 d 促进伤口愈合，然后尽快将温度降至 12~13 ℃。愈合过程中要注意用鼓风机强制空气流动，尽量使温度均匀上升，避免局部高温伤害薯块。对于在雨季收获的甘薯进行高温处理可促进薯块的呼吸作用，释放出过多的水分，提高耐储性。

73. 甘薯储藏要注意哪些问题？如何防止储藏期甘薯坏烂？

储藏库消毒：无论是新建库还是利用原有旧库（窖）储藏甘薯，除进行及时维修彻底清扫外，还要用生石灰或硫黄熏蒸消毒，以消灭潜伏在库（窖）内的病菌。

入窖后至 20 d 左右为甘薯储藏前期，外界气温高，且刚收获的种薯呼吸作用强，窖温容易升高，并能导致病害蔓延发展。可打开门窗和通气孔，进行降温散湿，待窖温降至 13~15 ℃时，关闭门窗，调节通气孔，防窖温急剧下降。

入窖 20 d 后至翌年 2 月上旬为储藏中期，这一段经历时间较长，气温较低，且薯块呼吸作用减弱，产生热量少，容易受到冻害的威胁，故此期应以保温防寒为中心。

2 月中旬立春以后，气温、地温回升快，但经过长期储藏的种薯的生理机能差，极易受甘薯软腐病的为害，管理上应以稳定窖温、适当通风换气为主，保持窖温在 11~13 ℃的范围内。

74. 高档次鲜食甘薯生产在收获与储存过程中需要注意哪些问题？

在过去，甘薯的主要功能是满足人们的果腹需要，一般主要关心能不能吃，至于美观与否则关注很少。随着社会的进步和经济的发展，人们的消费水平日益提高，对高档次农产品的需求增强。

高档次鲜食甘薯外观和内在品质标准较高，价格也成倍甚至数倍高于普通甘薯。其标准为形状大小一致、薯皮完整光滑，无虫孔及病斑，外观鲜亮，肉色黄、橘红或紫色，熟食香甜。

高档次鲜食甘薯的生产除必须选用优良品种外，收获时要更加注重田间筛选表皮无虫孔病斑的薯块，轻拿轻放，防止破皮；田间分级保证形状大小一致，田间分级时按照每 100 g 一个档次分别装箱，不要大小混放，也不能用口袋或网袋装，减少破皮，最好再将薯形根据长短分开，以便将来再次包装时减少翻动。储存期间保持合适的温湿度，平时不要翻动薯箱，对个别出现软腐的甘薯及时清除，对健康薯要轻拿轻放。

第七节 甘薯品种与推广

75. 种植甘薯良种有哪些好处？甘薯品种可分为哪些类型？

甘薯优良品种是育种人员采取不同的育种手段选育出的新品种，比普通品种和地方品种有很多优点，选用甘薯优良品种是甘薯生产上的一项最经济有效的措施。种植优良品种一般有以下作用：①增加产量，优良品种比普通品种一般可增产10%以上。②降低成本，优良品种经过定向选择，一般具有较强的抗逆性，选用优良品种可减少防治病虫的成本，如徐薯18的选育推广控制了甘薯根腐病的蔓延。③满足综合利用的需求，据调研，企业产品质量和效益的提高在很大程度上依赖于品种的改良，加工特色的产品需要特定的品种。

甘薯优良品种类型比其他作物更加丰富，大体可分为淀粉加工用型、食饲兼用型、食用和食品加工用型、叶菜用和特色专用型等类型。

76. 审（鉴）定品种与获品种保护权的品种有什么区别？

根据国家2000年颁布的《中华人民共和国种子法》（2021年修改），国家对主要农作物实行审定制度，应当审定的农作物品种未经审定通过的，不得发布广告，不得经营、推广。一般来讲，育成的品种要经过严格的区域试验和生产试验，表现突出才能通过审定，推广种植没有风险。

国家实行植物新品种保护制度，对经过人工培育的或者发现的野生植物加以开发的植物品种，具备新颖性、特异性、一致性和稳定性的，授予植物新品种权，保护植物新品种权所有人的合法权益。从法律程序上讲获得品种权保护的品种不一定通过审定，其中包含着推广种植有一定风险的品种。

由于作物审定名额限制，除四川、福建省外，其他省（市）未将甘薯列为强制审定作物，经农业农村部全国农业技术推广服务中心同意，甘薯作为国家鉴定作物，经国家甘薯鉴定委员会鉴定通过的品种称为鉴定品种，这些品种所经过的程序完全与审定程序相同，可以作为优良品种在适宜的地区推广种植。

77. 甘薯品种的引种推广要注意哪些问题？

引种推广采取的基本原则是引种数量可多，单一品种引种量要少，多点试验，选优快繁，示范推广。

一般要注意如下几个问题：首先，尽量从科研单位引种。科研单位保存的材料比较丰富，并有比较系统的评价资料，可根据生产者的具体情况推荐品种。其次，不要从病区引种。病虫害均可随着薯种苗传播，一旦引入，根治比较困难。再次，除特殊需要一般不要引种水分含量大的品种。含水多的品种一般鲜产较高，具有较大的欺骗性，其实用价值不大。最后，要注意品种的适应性。甘薯品种对土质、栽培方式、气候等因素有特殊适应性，可在示范试验的基础上扩大种植，不要盲目引进，特别是远距离引种更要充分了解适应性。

目前甘薯良种的鲜产水平为：春薯2 500~4 000 kg，夏薯2 000~2 500 kg。某些品种宣传中声称的亩产5 000~10 000 kg是不切合生产实际的。

78. 淀粉加工用优良品种的主要特点是什么？

淀粉加工用优良甘薯品种的基本特点是淀粉含量、产量均较高，现推广利用的多为白色薯肉的品种。国家甘薯品种鉴定的标准为淀粉平均产量比对照增产8%以上，60%以上试点淀粉产量均比对照增产，薯块淀粉率比对照高1个百分点以上（北方薯区对照品种为徐薯18，长江中下游薯区对照品种为南薯88，南方薯区对照品种为金山57），抗一种以上主要病害。红心品种淀粉含量一般较低，不适宜作淀粉加工用，有些紫心品种淀粉含量很高，但产量不太理想，仅可作为特殊淀粉加工用。

79. 当前推广的高淀粉品种有哪些？

（1）徐薯22。江苏徐州甘薯研究中心育成，已通过江苏省审定和国家鉴定。薯块呈下膨纺锤形，红皮白肉，结薯整齐集中，大薯率高，薯块萌芽性好，夏栽薯块干物率31%左右，比对照高3.6个百分点。中抗甘薯根腐病，耐甘薯病毒病。脱毒种薯使用年限可适当延长，适时抗旱，不宜在甘薯感茎线虫病区推广。

（2）冀薯98。河北省农林科学院粮油作物研究所育成，已通过国家鉴定。薯形纺锤形，深红皮浅黄肉，薯块耐储藏，萌芽性好，抗黑斑病，中抗根腐病，不抗茎线虫病。夏栽薯块干物率30%左右，淀粉含量18%左右，熟食品质中上。薯干产量显著高于对照品种。

甘薯高淀粉品种还有脱毒徐薯 18、商薯 19、川薯 34、万薯 34、济薯 15 号、豫薯 7 号、豫薯 13 号、皖苏 31、商薯 103、徐薯 25、鄂薯 6 号、广薯 87、岩薯 10 号、西城薯 007、漯徐薯 8 号等。

80. 优良食用品种的主要特点是什么？

一般将食用和食品加工用品种分为一类，这类品种多指红心或黄心品种，这些品种一般富含胡萝卜素，储藏后淀粉转化为糖，食味较好。红心或黄心品种还适合加工成薯脯，薯条，薯泥等。国家甘薯品种鉴定原将胡萝卜素含量 5 mg/100 g 作为食用品种的标准，后因胡萝卜素含量高的品种食味不一定好而作调整，现在的国家甘薯食用品种的鉴定标准为鲜薯平均产量与对照相当，结薯早、整齐集中，薯形美观、薯皮光滑、储藏性好；粗纤维少，食味好，熟食味评分高于对照；干物率不低于对照 5 个百分点（北方薯区对照品种为徐薯 18，长江中下游薯区对照品种为南薯 88，南方薯区对照品种为金山 57），抗一种以上主要病害。

81. 当前推广的鲜食用品种有哪些？

（1）脱毒北京 553。薯形长纺锤形，黄褐皮杏黄肉，萌芽性好，鲜薯产量较高，干物率 25% 左右，结薯早、膨大快、整齐集中，较抗黑斑病和茎线虫病，耐旱耐肥，较耐瘠薄。熟食软甜，生食脆甜，蒸烤均可，是加工薯脯的主要品种。该品种推广种植年限较长，生产上普遍退化严重，必须用脱毒种更换。

（2）徐薯 23。江苏徐州甘薯研究中心育成，已通过江苏省审定和国家鉴定。薯形直筒，中膨，薯皮及薯肉均为橘黄色，食味特别优良。抗黑斑病，中抗茎线虫病，不抗根腐病。该品种耐湿性较好，适宜平原肥水条件较好的地区种植，不宜在根腐病重病地种植。

（3）优质甘薯食用品种还有岩薯 5 号、苏薯 8 号、济薯 21、徐薯 43-14、郑 20、万薯 7 号、浙薯 132、广薯 79、冀薯 99、遗字 138、秦薯 4 号、桂薯 96-8、宁 192、商薯 85 等。

82. 叶菜用优良品种的主要特点是什么？

叶菜用甘薯是指茎尖适合作为蔬菜的甘薯品种，叶菜用品种茎尖营养丰富，耐刈割，无苦涩，食味好。国家甘薯食用品种的鉴定标准为茎尖产量比对照增产，食味评分不低于对照，抗一种以上主要病害，其他综合性状较好，现国家甘薯区试对照品种为福薯 7-6。

83. 当前推广的叶菜用优良品种有哪些?

(1) 台农 71 是目前食用品质最好的菜用品种,中国台湾地区新近育成,徐州甘薯中心引进。台农 71 作为蔬菜用具有很高的营养价值和保健功能,现在已推广至北京、南京、广州、成都、福州、济南等大中城市。该品种的缺点是地下部块根产量很低。

(2) 福薯 7-6,福建省农业科学院作物研究所育成,2005 年 3 月通过国家甘薯新品种鉴定。该品种株型半直立,基部分枝多,地下部块根产量高,茎叶食味优良,抗疮痂病、不抗蔓割病。福薯 7-6 现已作为国家甘薯菜用品种组对照品种。

近年来各地育成的甘薯叶菜用品种还有湘菜薯 1 号、广菜薯 2 号、福薯10 号、泉薯 830 等。

 84. 特色专用型优良品种的主要特点是什么?

为适应甘薯产业发展的需要,各地育成了一些特色专用的甘薯新品种,主要包括高花青素、高胡萝卜素和"迷你"薯类型。富含花青素和胡萝卜素的紫心、红心品种又可分为食用和色素提取专用两种类型;能源专用品种由于鉴定标准尚不完善,现多以高淀粉品种代替;其他类型则以市场需求而定。国家甘薯特色专用型品种的鉴定标准暂定为:高花青素型,花青素含量大于 30 mg/100 g(鲜薯),鲜薯产量比对照减产不超过 20%;花青素含量大于 20 mg/100 g(鲜薯),鲜薯产量比对照减产不超过 10%。高胡萝卜素型,胡萝卜素含量大于 15 mg/100 g(鲜薯),鲜薯产量比对照减产不超过 20%;胡萝卜素含量大于 10 mg/100 g(鲜薯),鲜薯产量比对照减产不超过 10%。有市场前景和特别利用价值的品种,由国家区试年会和品种鉴定会议讨论决定。

85. 当前推广的特色专用型优良甘薯品种有哪些?

(1) 济薯 18。紫肉食用型品种。山东省农业科学院作物研究所选育,已通过国家鉴定。薯块纺锤形,薯皮紫色,薯肉紫色,萌芽性较好,薯块膨大早,干物率26%左右,中抗甘薯根腐病、茎线虫病;耐旱、耐瘠性好,耐肥、耐湿性稍差。

(2) 广紫薯 1 号。紫肉食用型品种。广东省农业科学院作物研究所选育,已通过广东省审定和国家鉴定。薯形纺锤形,薯皮紫红色,薯肉紫色。薯身光滑、美观,薯块大小均匀,耐储藏,结薯早,抗薯瘟病、蔓割病,中抗甘薯根腐病和甘薯黑斑病。干物率29.5%左右,淀粉率19.9%,维生素 C 含量24.4

mg/100 g，花青素含量 12.2 mg/100 g，食味优。

特色专用品种还有：花青素提取专用品种绫紫；紫色食用品种宁紫薯1号、徐紫薯1号、烟紫薯1号、渝紫263等；"迷你"薯心香、金玉等；高胡萝卜素品种有维多丽、徐22-5等。

第八节　甘薯加工利用

86. 甘薯产业化模式有哪些特点？

我国不同甘薯产区产业化发展模式不同，北方薯区以淀粉加工业为主；长江中下游薯区主要作为饲料、鲜食，并开始重视淀粉加工业的发展；南方薯区甘薯食品加工业发展迅速，南北薯区许多省份提出用甘薯作为原料生产燃料乙醇。

种薯种苗产业规模较小，部分企业存在着虚假广告宣传问题，政府应加强监管力度。淀粉产业大小并举，小型加工企业面临着环境治理的压力，应适当整合，加大环保设备的投入。食品加工产业发展较快，小型企业亟需技术改造，提高产品质量。燃料乙醇产业多处于规划或前期建设阶段，必须做好原料基地建设和原料的均衡供应。

87. 如何提高企业、农户的种植、生产效益？

甘薯产业化应以市场为导向，政府多扶植，科技为先导，由于甘薯原料储藏、运输和均衡供应的困难，建立"加工龙头企业+原料基地+农户"产业化经营模式尤为重要。实现薯农和企业双赢应该做到以下几点：①企业参与新品种、新技术的应用与推广。②公司与薯农要签订鲜薯或粗淀粉保护价购销合同，以高于市场价收购，形成利益共同体，共同承担市场风险。③培养薯农的合同信用意识，减少企业原料需求的压力。④成立甘薯协会，培植农民经纪人，协调企业与薯农之间的利益。⑤让农民参与市场信息调研，构建一个农户与市场，农户与企业（公司）联结的平台，以推进农业结构的调整。

88. 甘薯加工中为什么要提出原料问题？

新鲜甘薯是甘薯加工的主要原料，原料规格直接影响加工产品的质量。保证加工企业的运转必须建立原料生产基地，根据不同的加工产品需求选用相应的甘薯品种；根据产量、供应期和耐储性等条件确定原料基地的规模；采取综合措施保证基础原料的安全性，牛奶及奶制品三聚氰胺问题的出现再一次表明企业建立原料生产基地及加强原料基地管理的重要性。

由于工农业日益发展，工业的"三废"、农业生产中化肥、农药的过量使用，造成严重污染。目前甘薯生产中化学农药的使用存在着一定的问题，有些地区为防治病虫害，大量使用国家明令禁止的农药，造成甘薯原料农药残留超标，薯农和相关企业必须予以足够的重视。除加强对甘薯原料生产的监督和管理外，加工过程中也要注意防止再污染，以免有损产品质量。

89. 甘薯淀粉、变性淀粉和甘薯全粉有什么区别？

甘薯全粉是新鲜甘薯的脱水制品，它包含了新鲜甘薯中除薯皮以外的全部干物质：淀粉、蛋白质、糖、脂肪、纤维、维生素、矿物质、灰分等，复水后呈新鲜甘薯蒸熟后捣成的泥状，并具有新鲜甘薯的营养、风味和口感。

甘薯淀粉则是淀粉这一单一成分，基本不含其他营养成分或含量极低，不具有甘薯所特有的营养、风味和口感。甘薯淀粉具有高黏性和高聚合度等特点，在食品、轻工、医药等行业得到广泛的应用。

甘薯变性淀粉则是在淀粉的基础上，通过物理、化学和酶处理等方法对其进行变性处理，改变原淀粉的高分子属性，使其具有比原淀粉更优良的性质和特殊效能。甘薯变性淀粉包括氧化淀粉、酸变性淀粉、可溶性淀粉、淀粉醋酸酯等，在食品、医药、纺织、造纸、建筑等多种行业具有广阔的应用前景。

90. 如何提高甘薯淀粉的提取率？

提高甘薯淀粉的提取率应该采取以下措施。

（1）把住原料关。选用高淀粉品种、适期收获；收购原料以质论价，鼓励薯农种植高淀粉品种；加工前剔除霉烂变质的甘薯，洗净泥沙；尽量缩短储藏期，边收获（收购）边加工，可提高出粉率10%~12%。避免甘薯原料出现软腐，薯块软腐后淀粉全部分解，同时流出腐液影响周围健康甘薯。

（2）改进加工工艺。磨浆前先将甘薯用稀碱水或苏打溶液浸泡，使其纤维膨胀，以利于研磨时纤维和淀粉分离；选用小孔筛板，适当掌握甘薯粉碎粒度；常用2%中性食盐水清洗筛网，保持筛网清洁；必要时对薯渣进行二次粉碎和分离。

在资金许可的条件下，尽可能采用国内先进的生产工艺和加工设备。

91. 如何处理甘薯淀粉生产中的废水废渣？

甘薯淀粉生产过程中要产生大量的废水，废水消化处理可采取减排法，通过循环利用，提高水的利用率，减少排放量。通过设计科学合理的工艺流程，将不同洁度的水用于不同需要，精加工废水用于粗加工的洗涤和分离，必要时增加过滤和沉降设施；土地吸纳直接浇灌法，将废水直接排放到闲茬秋翻地，通过土壤吸纳和微生物降解等过程，为下一茬作物提供土壤的肥力积累；蓄纳降解法，将废水用水池蓄纳起来，让其自然降解后，再用于农田灌溉；建立污水处理系统，此法运转成本高，对于小型企业和农户难以采纳。

甘薯在生产淀粉过程中同时产生大量的薯渣，由于薯渣里含有丰富的膳食纤维（一般含 25%~30%），利用薯渣提取膳食纤维可以变废为宝、提高甘薯资源的综合利用率，增加农民收入，其工艺流程为：薯渣（干粉）→粉碎→α-淀粉酶水解→碱处理→酸处理→糖化酶水解→过滤→洗涤→烘干→粉碎、过筛→成品。

92. 甘薯食品加工中如何控制褐变？

甘薯加工过程中的褐变问题，是制约其产品开发和应用的重要因素。这种褐变主要由其所含的多酚氧化酶引起。多酚氧化酶能催化食品原料中的内源性多酚物质氧化生成黑色素。这种酶促反应除影响加工品的色泽外，还会产生不良风味，造成产品质量下降。

甘薯品种不同褐变强度与多酚氧化酶的活性差异很大。在加工过程中应尽量选择多酚氧化酶活性低的品种，这控制甘薯加工过程中褐变的关键环节。选用氯化钠、柠檬酸、抗坏血酸 3 种来源广、经济又安全的原料进行复配（通常配比为：氯化钠 0.27%、柠檬酸 0.31%、抗坏血酸 0.04%）成复合护色液，可以起到较好的护色效果。食品加工中含硫化合物的护色剂已被禁止。

93. 发展甘薯全粉有哪些优势？

（1）储运安全、费用低。甘薯全粉在常温下能安全储存 2 年，储存期是普通甘薯的 3 倍。储存甘薯全粉可大幅度减少库容，节约固定资产投入。

（2）生产灵活、规模化程度高。采用甘薯全粉为原料的食品加工企业能有效回避甘薯原料供应的季节性对生产带来的不良影响，可以根据市场的需求安排原料的采购和储存，为企业提供了更灵活的生产空间。

（3）减少排污、保护环境。加工甘薯全粉过程中仅产生很少量的固体

"废渣"，这部分"废渣"可作为家畜的饲料，不会对环境造成影响。排放的废水中仅含有少量的沙尘、淀粉和细胞组织液，经沉淀后即可排放或用于农田灌溉。

（4）全粉营养丰富、用途广泛。甘薯全粉是新鲜甘薯的脱水制品，具有新鲜甘薯的营养、风味和口感，且有良好的复水还原和再加工性，可广泛用作各种甘薯加工产品的原料或其他食品加工的添加剂。

94. 如何制作甘薯脯？

（1）原料选择。选择浅红色、黄色或紫色中等淀粉含量的甘薯品种，表皮要光滑。

（2）去皮。用不锈钢刀去皮，削皮后随即放入水中，以防氧化变色。

（3）切条护色。将薯块切成 6 cm×0.6 cm×0.6 cm 或 4 cm×1.0 cm×1.0 cm 的细条，立即投入 0.27%氯化钙、0.31%柠檬酸和 0.04%抗坏血酸三者混合的护色液中，浸泡 1 h 护色。

（4）漂洗。经过护色处理后的原料，反复漂洗至无钙味。

（5）预煮硬化。将护色漂洗后的薯条沥干水分，放入沸水锅中，为防止薯条发生软烂，可加入 0.2%氯化钙进行硬化处理。在 90 ℃左右的热水中预煮 10 min，捞起再漂洗。

（6）糖煮。称取薯条重量 15%的蔗糖与薯条一起水煮至无生味，滤去糖液，用凉水洗去表面糖液。

（7）烘烤。将薯条铺在烘盘上送入烘房，烘烤温度在 60 ℃左右，烘至薯条表面不粘手即可。烘烤时间 10~12 h。

（8）回软包装。薯条从烘房取出后，在阴凉处摊开降至室温，吹干表面，用聚乙烯薄膜食品袋，将成品按要求分级定量装入，也可散装出售。

95. 如何利用薯泥制作各种形态的休闲食品？

利用薯泥可开发薯酱、薯糕、薯饼、"小甘薯"或"薯仔"等甘薯食品，也可以用模具制作形态各异的卡通食品，丰富多彩。

由于薯泥黏度大，影响产品进一步开发，为降低薯泥黏度，便于成型，可采取以下方法：首先，原料要选择干率较高的品种，尤其熟化后口感呈"砂性"的品种，即可降低黏度，亦可提高出品率；其次，适当添加植物油可有效降低薯泥黏度，消除粘手和粘模现象，提高可塑性，便于开发各种形态的甘薯食品。实验表明，植物油添加量为 1%~3%，采用熔点较高的棕榈油，可减轻油脂气味和油迹现象。最后，在制作薯泥食品时，除添加棕榈油以提高可塑性外，往往还需要适当添加琼脂或果冻粉等，以增加产品韧性和弹性，消除黏牙感。

96. 如何生产速冻甘薯产品？

（1）原料选择。选择黄色或紫色种、淀粉含量高的优良鲜食甘薯品种，表皮要光滑，无病斑。

（2）预处理。将挑选、清洗后的甘薯去皮，切分成 4 cm×1.0 cm×1.0 cm 的细条或 1.5 cm×1.5 cm×1.5 cm 薯丁；投入氯化钙 0.27% 和柠檬酸 0.31%、抗坏血酸 0.04% 护色液中，浸泡 1 h 进行护色硬化；用水漂洗至无钙味，在热水中（90~100 ℃）烫漂 5 min 后，立即置于冷水中漂洗冷却。

（3）速冻。将甘薯切丁（条）平铺在流态化床式速冻网带上成一薄层，让冷气流以足够的速度从网带的下部经网眼通过网上铺放的物料。冻结后的物料呈分散状态，便于分级包装。

（4）真空包装。速冻后应立即分级，用铝箔复合薄膜袋进行真空包装。

甘薯速冻品一般在 -18 ℃ 下可以保藏 18~24 个月。解冻应在烹调食用前进行，切不可将解冻后的制品长时间搁置。

97. 如何加工制作甘薯饮料？

（1）原料的选择与处理。选择无病变、无霉烂、无发芽的新鲜红心或紫心甘薯，清洗干净后去皮，切分。

（2）热烫。将切分好的薯块，立即投入 100 ℃ 的沸水中热烫 3~5 min。

（3）粉碎。烫好的薯块进入破碎机破碎成细小颗粒（加入适量的柠檬酸或维生素 C 进行护色）。

（4）磨浆。料水比为 1∶（4~6），胶体磨磨浆，反复两遍。

（5）调配。将 9% 砂糖、0.18% 柠檬酸和 0.4% 复合稳定剂（琼脂∶羧甲基纤维素钠=1∶1）溶解，与料液混合均匀。

（6）加热与均质。将料液加热至 55 ℃，进入均质机均质，均质压力为 40 MPa。

（7）脱气与罐装。均质后的料液进入真空脱气罐进行脱气处理，然后加热到 70~80 ℃，罐装到饮料瓶中，压紧瓶盖。

（8）杀菌、冷却及检验。采用常压沸水杀菌，条件为 100 ℃、15 min，然后逐级降温至 35 ℃ 左右，取出后用洁净干布擦净瓶身，检查有无破裂等异常现象。

98. 如何开发和利用紫心甘薯？

紫心甘薯因富含紫色花青素而呈现鲜艳的紫色，紫色花青素具有强烈脱除氧自由基、抗氧化、延缓衰老、提高肌体免疫力等许多生理保健功能，倍受人们关注，因此有着广阔的开发前景。

（1）鲜食上市。选用优良的鲜食紫心甘薯品种，挑选、分级，清洗、晾干，包装上市。

（2）提取紫色花青素。紫色花青素提取，一般采用酸化水提取或直接用酸化乙醇提取，分离后滤液进行真空浓缩，再用等体积的95%乙醇沉淀，去除可溶性膳食纤维，滤液蒸馏分离后得到花青素粗品。

（3）开发休闲食品。可直接加工成具有保健功能的各种休闲食品，如紫薯糕、紫薯酱、紫薯片、紫薯果脯及紫薯粉丝等产品。

（4）开发全粉和薯泥。储存运输方便，可广泛用作食品加工配料。

99. 如何开发和利用特种药用甘薯？

特种甘薯 Simon 1 是一种十分珍贵的药用甘薯。临床应用研究结果表明，该品种对治疗原发和继发性血小板减少症、过敏性紫癜、白血病、肾病综合征、非胰岛素依赖型糖尿病及各种内外出血症均有明显的效果。

特种药用甘薯的深加工前景很广阔。药用甘薯是药食同源的作物，还可以制作成各种副食品或掺入主食，起到保健作用；药用甘薯对止外伤流血有特效，可开发外敷用制品；药用甘薯含有多种生理活性物质，可以通过不同方法提取、分离、纯化，进而生产专用药品，造福于人类健康。

100. 如何开发和利用甘薯地上部茎叶？

甘薯地上部含有丰富的蛋白质、碳水化合物、维生素、脂肪、氨基酸、矿物质等，是营养价值很高的饲料，茎尖则可以作为蔬菜食用。

青贮饲料：甘薯地上部茎叶收获后，切碎成 1~2 cm 长，适当降低其含水量，装储于窖、缸或塑料袋中，压实密封储藏，造就厌氧的环境，自然利用乳酸菌厌氧发酵，产生乳酸，使大部分微生物停止繁殖，以保持茎叶的新鲜与营养。

干粉饲料：将甘薯地上部茎叶晒干、粉碎，加入复合酶酶解后，以代替玉米、大麦等作配合饲料，或加入添加剂拌匀，在颗粒饲料机中挤压，加工成颗粒饲料。

蔬菜：甘薯的茎尖和叶柄采摘后，经包装可以直接上市。也可以制作成罐头上市销售，其工艺流程为：新鲜茎尖→清洗→剔拣→护色→漂洗→晾干→配料→罐装→排气、封罐→杀菌→冷却→检验→包装→产品。

附录
山东省农业科学院作物研究所简介

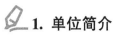

1. 单位简介

山东省农业科学院作物研究所始建于 1959 年 3 月，是从事小麦、大豆、甘薯、谷子、高粱等作物种质资源、遗传育种、栽培生理及农业气象与生态、植物新品种测试、谷物营养与质量安全研究和成果应用的社会公益性事业单位，为山东省产学研合作创新突出贡献科研单位、全国文明单位。现有在职职工 111 人，其中副高级以上专业技术人员 67 人，博士 69 人。拥有中国工程院院士、国家百千万人才、国务院政府特殊津贴专家、全国先进工作者、全国农业科研杰出人才、全国五一劳动奖章获得者、中华农业英才奖获得者、全国创新争先奖状获得者、泰山产业领军人才等 20 余人（次）。"十五"以来，建有小麦玉米国家工程研究中心等国家级创新平台 10 个；每年承担国家及省部级科研项目 50 余项；获国家科学技术进步奖二等奖 6 项、山东省科学技术进步奖一等奖 8 项；授权国家发明专利 100 余件；制定国家标准 3 项；培育小麦、甘薯、大豆、谷子、高粱等农作物新品种 50 余个，其中济麦、鲁原系列小麦品种累计推广 7 亿亩，济麦 22 连续十年成为全国种植面积最大的小麦品种。位列"十一五"全国农业科研机构综合能力评估第 11 位。

联系电话：0531-66659476

2. 专家介绍

李升东，中共党员，博士，研究员，就职于山东省农业科学院作物研究所，现为山东农业大学硕士生导师和青岛农业大学硕士生导师。主要从事小麦高产栽培机理及轻简化技术研究。先后承担、参加山东省自然科学基金、科技部粮食丰产专项课题、国家小麦产业技术体系、公益性行业科研专项等重大课题 10 余项，企业横向课题 1 项（经费 200 万元）；发表学术论文 42 篇；授权国家发明专利 16 项；制定地方标准 2 项；获软件著作权 6 项；获省（部）级以上科技成果奖励 8 项。

侯夫云，女，博士，山东省农业科学院作物研究所薯类遗传育种与栽培团队负责人、副研究员。主要从事甘薯栽培与育种研究，近年来主持和参加国家 863 子课题科技支撑计划、国家甘薯产业技术体系、山东省农业良种工程等项目 10 余项。针对我国甘薯产业优质专用品种缺乏的瓶颈问题，选育济薯系列甘薯新品种 9 个（济薯 26、济薯 27、济紫薯 1 号等），获得植物新品种权 5 项。获得国家发明专利 10 项，制定山东省地方标准 10 项，第一作者发表研究论文 20 余篇，其中 SCI 收录 4 篇（影响因子达 7.738），获得山东省科学技术奖 2 项、中华农业科技奖三等奖 1 项。

　　刘薇，女，中共党员，1987 年 4 月出生于河南省濮阳市。2010 年 6 月毕业于河南农业大学，获农学学士学位；2013 年 6 月获北京理工大学理学硕士学位；2018 年 6 月获中国农业科学院作物遗传育种博士学位。2018 年 9 月到山东省农业科学院作物研究所豆类遗传育种与栽培团队工作。主要研究方向为大豆开花和逆境响应相关基因的挖掘和功能分析。以第一作者发表论文 7 篇，2018 年入选山东省农业科学院青年拔尖人才。